姿态，女人的幸福密码

梁小桥　著

黑龙江教育出版社

图书在版编目(CIP)数据

姿态,女人的幸福密码/梁小桥著. -- 哈尔滨:
黑龙江教育出版社,2012.5
ISBN 978 - 7 - 5316 - 6273 - 0

Ⅰ.①姿… Ⅱ.①梁… Ⅲ.①女性—幸福—通俗读物
Ⅳ.①B82 - 49

中国版本图书馆 CIP 数据核字(2012)第 082857 号

姿态,女人的幸福密码

Zitai,Nüren De Xingfu Mima

梁小桥 著

策划编辑	宋怡霏	
责任编辑	宋怡霏	
封面设计	冯军辉	
责任校对	刘佳玉	
出版发行	黑龙江教育出版社	
	(哈尔滨市南岗区花园街 158 号)	
印　刷	北京文林印务有限公司	
开　本	787×1092 毫米 1/16	
印　张	14	
字　数	180 千	
版　次	2012 年 7 月第 1 版	
印　次	2012 年 7 月第 1 次印刷	

书　号 ISBN 978 - 7 - 5316 - 6273 - 0 定　价 29.80 元

黑龙江教育出版社网址:www.hljep.com.cn
如需订购图书,请与我社发行中心联系。联系电话:0451 - 82529593 82534665
如有印装质量问题,影响阅读,请与我社联系调换。联系电话:0451 - 82529347
如发现盗版图书,请向我社举报。举报电话:0451 - 82560814

序：姿态，女人的幸福密码

　　曾经有一个女性朋友，智商很高，博士学位，但长相普通。我们都以为她必定要做"剩女"，弄不好还是"齐天大剩"级别的。后来女友遇到了她心中的白马王子，英俊潇洒，但学历和年龄比女友低一些。此男很快被女友俘获，步入了婚姻的殿堂。参加婚礼的时候，我们都恭喜她找到了如意郎君，同时也为她将来的婚姻生活捏了一把汗，因为此男有一个寡居多年的母亲，要和他们在一起生活。这倒没什么，关键是他还有三个姐姐，用女友的话说，这个婚姻里相当于有四个"婆婆"！

　　婚后，女友将她的高智商都运用到了做家务上，两个月工夫，她就从个"衣来伸手、饭来张口"的女博士转变成了一个精通烘焙的"专业厨娘"。她那三个大姑姐的婚姻都有些问题，三天两头地领孩子跑到娘家来哭诉，顺带住上几天，直到姐夫们把她们接走。关于她们的问题，女友从不插言，问到头上征询意见，她就简单说上两句。大多数情况是她默默地准备丰盛的饭菜，毕竟哭泣也是需要体力的。侍候娘几个吃好喝好后，她还顺带辅导她们孩子的功课。起初大家都为她不值，一个女博士要伺候一大家子人，就连她的妈妈也为她鸣不平，毕竟自己的女儿在娘家时娇生惯养，什么都不舍得让她做，再说了自己读了近二十年书的博士女儿怎么能够去给人家当一个小媳妇呢？可是女友把小媳妇做得很有滋味，很有进行到底的决心。

　　慢慢地她的婆婆开始管束自己的儿子，要求他下班后必须马上回家,从不用女友打电话问:"老公,你在哪里? 和谁在一起呀?"尤其是她生了小孩后,三个大姑姐都对她的孩子视如己出,争着帮这个贤惠弟媳带小孩。女友用她的高智商把看似乱糟糟的家庭梳理得井井有条,温馨而明朗,她用真诚和智慧给自己换来了一个美好的生活。

我的女友是个很聪明的人,当然她的做法不会让每一个女人都认同。一个女博士,饱读诗书,难道就是为了家人做保姆吗? 的确,让一个女博士像保姆一样侍候一家人的吃吃喝喝,就专业来讲肯定不对口。但是我的女友不在乎这些,相反她很努力,把用在学习上的劲头放到家务和家庭关系这个未知的领域上,一样做得风生水起。

真正智慧的女人懂得放低自己的姿态

女博士做家务是一种浪费,因为她可以用她的聪明才智为家庭创造更大的价值。但是女博士选择了低下头勤勤恳恳地照顾一家人,因为她知道她嫁给了这个男人,就要接受他的家庭。如果她和别人结婚,她也可以每天下班自由自在地生活在二人世界中,可以每天叫外卖而不动烟火。但是她遇到的是这样一个特殊的大家庭,因为她在乎自己的爱人,在乎这段婚姻,所以她愿意多付出一些来维持、完善。她清楚不论自己有什么样的经历,什么样的学历,只要进入了这个家庭,就要扮演好自己在这个家庭中的角色。所以她去做那些应该保姆做的事情。当然这些事情可能保姆来做会做得更好,但是由她来做,意义就大不相同了。这些家务对于保姆来说是工作,而对她来说却是为家人奉献的一颗关爱的心。

当一个人姿态放的足够低时,才能够心甘情愿地付出

我有一个忘年交,已经年近七十了。大学毕业时就和爱人结婚了,婆婆是个非常老派的人,在她心里只有儿子和孙子才是自己家人。有好吃的都夹到儿子、孙子碗里面,什么脏活累活都是媳妇干。我的朋友一直很想得开,甚至把每个月的工资都交给完全没有收入的婆婆,由其任

意支配。我问她有没有在心里不平衡过，她说真的没有，婆婆对自己的儿子、孙子好，也就是对她的爱人和儿子好，其是是用另一种方式对我好。我们知道，我的朋友完全有理由生气，甚至反抗，但是她没有。她用自己的低姿态换来了家庭的安定团结，也得到了丈夫的感激和爱。

我遇到过一些婚姻失败的女性，总是在抱怨自己已经做得很好了，为什么还是会失去婚姻。可能你真的做得很好，但是你还没有达到家人要求，而更多的时候，只是你自己认为做得好罢了。

一个昂首挺胸的人，带着指挥千军万马的架势，其实在家庭中最不容易被人接纳的。而一个低眉顺眼的女子，却能用润物细无声的方式俘获人心，创造自己的幸福。

在抱怨别人之前，要先看看自己的姿态，你是表情冷漠地望着天，还是低着头、弯着眉眼……

CONTENTS 目录

第一章　做黄脸婆,还是做狐狸精 ……………………………（1）

第一节　每个女人都有悦夫的义务 …………………………（1）

第二节　我不是最美丽,但可以最美好 ……………………（4）

第三节　给自己一个逆生长的机会 …………………………（7）

第四节　书籍是女人最好的美容品 …………………………（12）

第五节　好奇的女人才年轻 …………………………………（15）

第六节　努力实现自己的理想 ………………………………（17）

第七节　做一个让老公带得出去的女人 ……………………（20）

第八节　女人要有养活自己的能力 …………………………（23）

第九节　勤劳才有机会变成美女 ……………………………（25）

第十节　女人不是婚姻家庭的牺牲品 ………………………（29）

第二章　问题围城中的女人 ………………………………（32）

第一节　孩子气的女人会幸福吗 ……………………………（32）

第二节　面子重要,还是婚姻重要 …………………………（35）

第三节　发现老公的暧昧短信之后 …………………………（38）

第四节　遭遇背叛,女人该如何转身 ………………………（41）

第五节　疑似一夜情要离婚吗 ………………………………（44）

第六节　前妻是个可怕的动物吗 ……………………………（46）

第七节　为什么海藻会背叛,而毛豆豆不会 ………………（49）

第八节　孩子能挽救婚姻吗 ······················ （52）

第九节　幸福是用女人的忍耐换来的吗 ··········· （55）

第十节　后妈其实不好当 ······················· （58）

第十一节　男人到底有没有生育权 ··············· （61）

第十二节　珍惜眼前人 ························· （63）

第三章　女人要做可爱的吸血鬼 ················ （66）

第一节　女人该花几分心思爱自己 ··············· （66）

第二节　女人应该笨一点 ······················· （69）

第三节　什么样的女人才是一所好学校 ··········· （72）

第四节　大胆去爱花样美男 ····················· （75）

第五节　没有感觉是造成剩女的原因吗 ··········· （78）

第六节　爱够以后再结婚 ······················· （82）

第七节　让爱情在婚姻的坟墓里寿终正寝 ········· （85）

第八节　你会送花给自己吗 ····················· （87）

第九节　旧爱是个情感备胎吗 ··················· （91）

第十节　女人要做可爱的吸血鬼 ················· （96）

第四章　世上有完美老公吗 ···················· （99）

第一节　谁敢动我的老公 ······················· （99）

第二节　老公为什么会成为妻子的"眼中钉" ………… (102)

第三节　在婚姻里,你会忽悠吗 ……………… (105)

第四节　世上有完美老公吗 ……………………… (109)

第五节　学会欣赏自己的老公 …………………… (111)

第六节　打死我也不离婚 ………………………… (116)

第七节　你有勇气做那个用竹篮子打水的女人吗 …… (118)

第八节　全职妈妈的婚姻危机 …………………… (122)

第九节　谁才是对的那个人 ……………………… (127)

第十节　安全感——男人给女人的最好礼物 ……… (131)

第五章　轻轻松松,做聪明儿媳 ………………… (134)

第一节　老人有义务带小孩吗 …………………… (134)

第二节　三个女人、一个男人的婚姻牢靠吗 ……… (138)

第三节　为了婆婆离婚——值得吗 ……………… (140)

第四节　和毛豆豆学做聪明儿媳 ………………… (143)

第五节　老公赚的少,该由婆婆补贴家用吗 ……… (145)

第六节　婆媳之战,谁是赢家 …………………… (147)

第七节　要向推销人员学习该如何和老人相处 …… (150)

第八节　婆媳之间真的可以亲如母女吗 ………… (153)

第九节　该支付婆婆看孩子的钱吗 ……………… (156)

第十节　精神赡养很难吗 ………………………………（157）

第十一节　在教育上和老人观念不一致怎么办 …………（160）

第六章　女人和小孩 ………………………………（164）

第一节　和你一样的那个小孩 ……………………………（164）

第二节　自己的娃自己带 …………………………………（170）

第三节　孩子喜欢什么样的妈妈 …………………………（175）

第四节　孩子和父母之间也要礼尚往来 …………………（179）

第五节　惊魂记 ……………………………………………（182）

第六节　一个懂科学的妈妈 ………………………………（187）

第七节　孩子,很无辜 ……………………………………（191）

第八节　给孩子一个公平的环境 …………………………（195）

第九节　孩子,我不期望你长成大树 ……………………（199）

第十节　孩子,你终于会顶嘴了 …………………………（203）

第十一节　孝顺的独特方式 ………………………………（207）

第十二节　如何让孩子面对"不如人" …………………（209）

第一章
做黄脸婆，还是做狐狸精

忽然有一天，我们对着镜子，发现镜子里的那个人是如此的陌生。不知道什么时候皱纹不打招呼地爬上了我们的眼角，也不知道什么时候因为常常皱眉头我们的眉心之间有了川字纹。

或者有一天，我们为之付出全部的孩子并没有我们期待中的那么好，我们寄予无数希望的老公每天回家就是在看电视、看报纸，你说上十句话他也答不上一句。终于有一天他的心离你越来越远，你不明白为什么自己的勤勤俭俭、劳心劳力，为了这个家付出了所有的精力，怎么也挽不回那颗曾经爱你的心？

第一节　每个女人都有悦夫的义务

我们不可能做到每天让他们看到我们的时候都会眼前一亮，也不可能做到常常谜一般地出现在他们面前，但是我们起码要做到让他们看着顺眼，让他们舒心。

我们常会发现一种情况，一个女人出门前二十分钟还是一个蓬头垢面的黄脸婆，而在临出门的一刹那，摇身一变，瞬间光彩照人了！

大家都觉得漂亮衣服价格不菲，在家里穿真是糟蹋了，应该在出门在外的种种场合中亮相,这样才体现出了这些漂亮衣服的价值。而在家里,都是自己人,每天面对的是由内到外熟悉的不能再熟悉的老公,用句通俗的话说:这么多年了,谁不知道谁呢?还有必要每天光彩照人地出现在他面前吗?

很多女人在家里的周末都是这么度过的,起床胡乱地绾起头发,赤着双脚穿着拖鞋,动作极其粗线条地换下床单被罩扔到洗衣机里面,喝令在沙发上看着报纸的老公必须马上掏干净自己上衣和裤子的所有口袋,然后在卫生间里蓬头垢面地忙上大半天!下午做好一顿丰盛的晚餐,心满意足地看着全家人吃完,看一会儿电视剧,等到晚上上床的时候才发现这一天都没洗过一次脸,更没有机会照过一次镜子!记得有一次看电视剧,其中有一个桥段,男人说妻子身上总有一种味。女人很奇怪,自己抬起胳膊闻来闻去,说自己没有用香水的习惯呀?哪里来的"味"呢?后来男人很不客气地说女人身上从早到晚都有一种厨房里面的炒菜味道!女人觉得委屈,难道自己愿意满身沾染厨房的味道吗?谁不想精致淡雅地生活每一天呢?可是周末忙了一整天,有那工夫还想一个人蜷在沙发上看看电视,看一会书,哪还有那份精神头去好好捯饬自己,只为了让老公看着高兴呢?这么想的确也有些道理,在自己的家中,没有外人,不必伪装,更不用顾及别人的眼光和态度,所以自己可以呈现最最放松、最最慵懒的状态,但是我们有没有考虑过老公的感受呢?

从小我们受到的教育很多都是关于"节俭"的,妈妈告诉我们在家里和在外面穿的衣服要分开。在外面穿的衣服如果在家里穿就浪费了。我也一直相信妈妈的话是对的,直到几年前一次和朋友出去玩。在众人眼里,她是一个时尚又温和的女子,让我惊奇的是周末休息的时候,她也是每天起床先上个淡妆,穿上得体又舒适的衣服再开始做家务。她对我说她的妈妈告诉她,一个女人不仅要在所谓"外面"的场合优雅得体、漂亮大方,在家里也一样不要太逊色。老人家的观点是:你的老公每天去公司里上班,见到的都是让自己以最好的状态——光鲜亮丽、自信满满地出现在职场的女人,所以每天你的老公在工作时间里满眼看到的都是相对精致的女人，可是下班回到家，他不得不面对一个破衣烂衫、蓬头垢面、满眼倦容的你，如果你是男人，你心里会没有落差吗？你还愿意看后者吗？

为什么我们愿意漂亮大方、神采奕奕地出现在和我们没什么关系的外人面前，而在自己的老公面前却又那么吝惜展示自己的美好呢？

为什么我们愿意在外人面前言语得体、温婉巧笑，而在和自己老公说话的时候，却常常言语刻薄、粗声大气呢？

难道，这个男人因为做了我们的老公，就有罪了吗

面对和我们没有什么关系的外人，我们常常要顾及对方的感受，也在意自己在对方面前的形象，希望能保留一份美好在对方心里。而对我们朝夕相处的老公，却因为太过熟悉，觉得没有那个必要，而忽视了他们的感受。

我想，每一个女人，都应该有悦夫的义务。

我们不可能做到每天让他们看到我们的时候都会眼前一亮，让他们心跳加速，也不可能做到常常谜一般地出现在他们面前，让他们心驰神往，但是，我们起码要做到让他们看着顺眼，让他们舒心。

可能有的女人会说，我赚的薪水不比他少，家务做得比他还多，白天上班晚上管孩子，一天累得要死，哪还有那份闲心愉悦他呢？再说了，我又不是旧社会小媳妇，一分钱的收入没有，没有办法只能靠着他穿衣吃饭，我是一个受过高等教育的职业女性，凭什么就有义务愉悦他呢？

凭什么让他愉悦呢

就凭他是你的老公，是你的亲人，他心情愉悦了，对你，对你的家庭，是不是也有积极的意义呢？

的确,现在不是男尊女卑的社会了,女人没有必要为了生存而去取悦于男人。但是,作为女人我们有让家庭和睦美满的美好愿望,让老公开心舒畅,是不是我们的家庭也会有更多欢声笑语呢?

第二节　我不是最美丽,但可以最美好

我们可能不是最性感,不是最窈窕,也不是最美丽,但是我们可以最美好,只要我们愿意。

你爱照镜子吗

曾经有一个女人对我倾诉她的苦恼,自从生了小孩之后,身材变胖,整个人像气球一样被吹了起来。一切好像都不顺心,除了家人以外,也不愿意和谁交流。工作的时候,她觉得她的同事对她说话的态度和语气都不好,甚至总感觉同事们在背后说她的坏话。后来这种情况越来越严重,甚至产生了想辞职不上班的念头。我问她同事们说什么内容的话让她觉得无法接受呢?她给我举了几个例子,其实都是些很平常的玩笑,我个人认为并没有讽刺和挖苦的意思。然后我问她在生小孩子之前有过这种情况吗?她说她一直是个不太开朗的人,但是没做妈妈之前完全没有这么糟糕。

我问了她一个问题,她听后愣了一下。这个问题是:你喜欢照镜子吗?你会在哪一个距离范围内看镜子里的自己呢?她不好意思地笑着说:原来自己也是很爱打扮的,但是生了孩子后自己变胖了,自己都不愿意看镜子里的自己了,所以一天也就上班前照一次镜子,还是远远地看上一眼,看看自己的外表是不是整齐,从不近距离地去观察自己的这张脸。

古希腊有一个神话,美少年纳西塞斯在河边看见了自己在水中的倒影,他爱上了自己的影子。终于有一天,他决定去追逐那水中的倒影,他跳河了……第二年,他跳河的地方盛开了一束美丽的水仙花。

我们女人,同样离不开镜子,但是还没有到纳西塞斯这样迷恋的程度。有人说根据一个女人照镜子的距离,就可以看出这个女人自信的程度。一个自信的女人,不会介意近距离地看镜子里的自己,甚至还对自己不那么完美的面孔感到满意。

我们都知道这世界上没有任何一张完美的面孔。包括梦露和林青霞,她们的面孔非常迷人,但也绝不是完美的。

作为女人,我们应该喜爱照镜子,也更应该喜爱镜子里面的那个自己。有人说爱照镜子的女人永远不会老,不仅是因为她们有一颗爱美丽的心,更因为她们有来自骨子里的那份自信的态度和敢于面对的勇气。

谁都有缺点和遗憾,敢于直面镜子里的自己,就是有了面对自己缺点的勇气。只要有了这种面对的勇气,不去逃避,才有改正和弥补的机会。

那位不喜欢照镜子的妈妈因为不满意自己生产过后外形的种种变化,导致内心里非常自卑,这种自卑变成了她和周围同事交往的障碍,所以才会产生别人总在背后说自己坏话的幻想,这种念头一经产生,就像野草一样疯狂地生长,无法抑制。

我告诉她,必须勇敢地面对自己身材的变化。只有勇敢地面对这个身材和体重,才能有勇气也有信心让身材缩水。我建议她每天早上出门前都要认真看一下镜子里的自己,然后对着镜子里的自己笑一下,说:你是最美的! 这个类似于教育领域中的"翁格玛丽"效应,意思是对受教育者进行心理暗示:你很行,你能做得更好。使受教育者认识自我,挖掘潜力,增强信心。在被表彰和嘉奖的情况下,受表扬者自然会不断地追求进步,更快地适应工作需要;而未受到表扬者也会有一种心理暗示,只要你努力,机会肯定会降临。我们要经常暗示自己是一个有魅力的女人,那么我们真的可以越来越有魅力。

一段时间过后，我又接到了这个朋友电话，我问她每天早上坚持对自己微笑了吗？她告诉我一直坚持在做，感觉整个人轻盈了很多，好像每一天都是晴天一样。

真的是这样，我们都不是完美的，每天我在照镜子的时候也能看到自己的单眼皮，细长眼睛，但是我告诉自己我还有光洁紧致的皮肤，还有洁白整齐的牙齿，笑起来像牙膏广告一样！然后我就真的对着镜子里的自己笑一下！

我知道，我不是最美丽的，也不是最年轻的，但是这都不妨碍我以最美好的姿态呈现在世人面前。

体重，纠结一生的事

每一个女人都会有这样的烦恼，生育之后体重陡增，为了哺乳，不仅不能减肥，相反汤汤水水的还要进补。去商场里，只能买肥肥大大的深色衣服，时间久了，自己也忘记了从前窈窕玲珑的样子，习惯了镜子中的那个胖女人。

我在孕期最后四周的时候，体重达到了九十公斤，比没有怀孕的时候多出了整整四十公斤。生了孩子后，体重依旧保持在六十五公斤左右，几次在商场看到心仪的衣服，都会习惯性地要试穿 160 码的，而售货员上下打量后都礼貌地告诉我要穿 165 码或者 170 码的，有一次售货员直接说那件衣服你穿不好看。开始的时候自尊心很受损伤，次数多了，反倒习惯了，好像我未来的日子就将这么胖下去了。甚至我还在内心里安慰自己，都已经是孩子妈妈了，腰身变粗有双下巴都是正常的。

有一次我参加一个访谈节目，后来节目录像被放到了网上，我的朋友看到了，竟然没有认出我，因为我太胖了！

后来我开始了有计划地减肥，我没有选择减肥药，也没有刻意去节食，我觉得不论是胖是瘦，健康都是首要的。我的早餐依旧是一点儿面食、一个鸡蛋和一杯牛奶。午饭的主食减半，其他不变，晚饭也是主食减半，而且只吃青菜。晚饭后我不像以往那样坐在沙发上了，而是找一点事情做，把晚饭后的那半个小时站着打发掉。一般我在卫生间里手洗几件衣服，或者是站着看半个小时的书，实在无事可做，我会选择站上半个小时，当然这半个小时不是普通的站立，而是靠在墙上，尽量让后背贴近墙壁，开始的时候这样子站上一会你就会觉得很累，时间久了就习惯了。这样坚持下去，腰腹部的赘肉很明显地减了下来，腰围从 80 厘米减到了67 厘米，真的像电视广告里一样，牛仔裤的裤腰肥了一大块。

临睡前我还坚持做一会瑜伽，因为瑜伽比较舒缓，不像跑步、跳绳这些有氧运动那么累。一般我会选择自己喜欢的动作交替做二十分钟。时间长了，儿子铁锤也和我学会了几个动作，我在做的时候，他也在一旁像模像样地摆姿势。

我的工作需长时间地坐着，上班就坐在电脑前，很多次等到午饭的时候才离开椅子，一进到了办公室，椅子好像成了自己身体的一部分。为了强迫自己不总坐着，每天早上，我都先泡一杯茶，夏天绿茶，冬天红茶，有时候根据个人情况还放入红枣、枸杞、桂圆、金银花或冰糖这些东西。因为要喝水，所以常常要起来给杯子里面添水，时间久了必须要去洗手间，然后再回来喝水，这样一个上午我就要被迫站起来好多次，椅子终于不再是我身体的一部分了！同时因为喝水多，让身体也有了排毒的机会，每天的脸色都很有光泽，精神面貌也不一样了！

不用刻意地节食，也不需要很大强度地去运动，只要每天花一点心思，你就可以保持匀称的身材。

第三节　给自己一个逆生长的机会

虽然我没有女明星一样的魔鬼身材、标志脸蛋，但是我没有一道皱你有没有过那样的时候，很喜欢某一款式的衣裳，很想弄某一种发型，但是你从没有尝试过，因为不敢，觉得不适合自己，怕不好看，也怕别人笑话。我很喜欢那种长长的白色吊带裙，可是我觉得自己的肩膀不够瘦削，锁骨也没有明星那么性感，所以一直不敢尝试。我也想过剪那种 Bob 头，因为长大后我始终是光洁的额头，从来没有梳过刘海。但是我依旧不敢，怕别人说我装嫩。曾经有一个女友告诉我想怎么穿就怎么穿，不要在乎是不是像女明星一样的标准身材。

可是，我依旧没有勇气。

时光匆匆。

今年你觉得不适合，那么明年可能你会感到更加不适合。因为过去的时光一去不返，以后任何一个时间，都不会比此刻更适合了。

有一次和女友吃午饭，忽然女友说：小桥，你剪个齐刘海试试呀？我说不好吧，我的脸形不是那种长长的，未必好看。女友说不会呀，你的下巴很好看，适合齐刘海。那一刻我狠狠地下了决心，决定吃过饭就去把发型改了。不然过了这一刻，我恐怕没有勇气独自去美发店改变我的形象了。在头发剪掉的刹那，我感觉非常轻松，好像不是单纯的剪头发，而是在和过去的那个自己做一个告别。剪完后看着镜子里的自己，感觉竟然有些陌生。回到家，老公看见我先是一愣，然后说：哈哈，你的样子好像西瓜太郎！我走进铁锤房间，问他我的新发型怎么样？铁锤认真端详了我一会儿后，一字一顿地说：很萌，很萝莉！

以后的日子我开始去尝试以往那些不敢尝试的打扮，例如穿玫红色的衣服，高筒的马丁鞋，还一直保持着 Bob 头。

一次一位好久不见的朋友见到我，愣了好一会儿，最后她看着我说：小桥，你怎么越长越小了呢？难道逆生长了？回到家以后我自己照镜

姿态，女人的幸福密码

子,认认真真地看,发现其实我的五官、身材和从前没什么变化,只是我的脸上有了积极的自信表情,所以看起来整个人都和以往不同了。

女人一生都在和地球引力作抗争,但是不论我们怎样努力,都无法阻止皮肤的松弛和皱纹的产生。有一首歌里唱道"今朝的容颜老于昨晚",所以,和未来所有岁月比较,此刻你都是最年轻的;所以,想怎样就怎样,谁也无法约束你。因为,这是我们的权利,谁也不可以剥夺。

让我们一起逆生长吧!

你可以做具有姐姐气质的妈妈

孩子上了二年级以后,我们开始遇到了一些尴尬的事情。

那次是我和铁锤第一次去见声乐课的老师,老师给铁锤做测试。出来后,铁锤对我说:妈妈,老师问你是我姐吗? 我告诉她你是我妈,老师还不信呢! 后来又发生过几次说我是铁锤姐姐的事情,可能是他个子高了,三年级的时候就快到我的肩膀了,而我又没有穿高跟鞋的习惯。开始铁锤觉得常被人误会非常新奇搞笑,次数多了,他便觉得尴尬,说我没有一个妈妈的样子。我问他,妈妈应该是什么样子呢?

他指着我的脸说,你现在应该脸色有点暗黄,而且脸上的线条也不应该是这样流线型的,应该有点皱纹才对。他认为我的肤色有些白了,而且发型和很多妈妈也不同,我是披肩发,斜着在额上戴一个发卡。不是像很多妈妈那样卷发或者绾起来。我也几乎不穿高跟鞋,不化妆,他觉得这些都不是标准的妈妈样子,所以被人家误会。

他的回答让我大跌眼镜,作为女人,尤其是成年女子,总希望自己驻颜有术,身材窈窕,看着年轻点,漂亮点,甚至比实际年龄小上十几岁才高兴呢。可是孩子不这样想,他们心里觉得妈妈就应该有妈妈的样子。适当有些皱纹,眉头常常皱一下,不应该像我这样总是微微笑着。

这样的疑问不仅铁锤有过,别人也有。

一次我去影楼取铁锤和我的照片。在等待的时候，我用手机QQ和朋友聊天，阳光透过落地窗洒在身上，很舒服。于是我用手机拍了几张照片在QQ上发给好友，这时前台小妹拿了相册走过来，很疑惑地对我说：姐姐，你怎么一点都不像孩子妈妈呢？一点没有妈妈的气质！我很奇怪地看着她，孩子妈妈应该是什么样子呢？应该散发什么气质呢？难道是圣母玛利亚那种母性的光辉？

回忆我这些年为人母的经历，我对铁锤倾注的精力绝对不比大多数妈妈少，我付出的心血甚至超过了很多的妈妈。三年的全职经历，给孩子写以他为主人公的童话，为他记日记。除了断奶那几天，几乎是朝夕相处，几乎是一个人带小孩。怕儿子缺钙，我和他每天去公园晒两个小时太阳，他变结实了，我被晒黑了。我还为他精心挑选每一本幼儿书籍，和他一起画画、游戏。我还为他精心挑选适合的幼儿园，包括英语学校和小学，每一步我都非常投入和用心。我还把自己的育儿经历写成文字，和妈妈们分享，每天几乎都有妈妈打电话和我谈起自己孩子的种种问题。如果说全心投入的我身上还不具备妈妈气质，那么谁才具有妈妈的气质呢？

看着我不解的神情，前台小妹笑着说：姐姐不像一个有孩子的状态，每次你来都笑着，而且心情特别好。还有你每次来穿的衣服都不同，你很在意自己的形象。我反问她难道孩子妈妈就都不在意自己的形象吗？她说也不是，只是你的状态给别人的感觉是你没有孩子，而自己分明还是一个孩子。

她说这样的话我一点不惊讶，因为类似内容我不是第一次听过，我也不清楚我的气质哪里不像孩子妈妈的气质？孩子妈妈应该是个什么状态呢？

我想起一次铁锤参加《生活报》小记者的活动，旁边一位妈妈不停地告诉孩子如何使用相机，到拍照的时候一定要挤到前面去，胆子要大一点之类的话。从孩子的表情看，这些内容他妈妈在家里一定是反复说过好多遍了，怕孩子忘记，在活动前再叮嘱几遍。孩子看起来比铁锤大一两岁，表情漠然地听着妈妈的谆谆教诲。妈妈终于说完了，孩子抬起头问：妈妈，我想玩一下你手机！妈妈气呼呼地白了孩子一眼，没拿手机出来。好久，母子俩都互不理睬地站在那里。我仔细看他的妈妈，穿着旧式的羽绒大衣，头发没有任何打理，束一个辫子在后面。素面朝天，脸色暗黄。看着她，我忽然觉得她很可怜，感觉她把最青春的能量都倾注到了孩子身上，把夫妻两个人的希望都放在孩子一个人身上去，为了孩子她搭上了自己。

我很爱铁锤，但是我也非常爱我自己，因为孩子来到人世叫我一声"妈妈"，我就要对他好。但是我也有我自己的生活，有自己的追求和梦想。我不会把我和老公两个人的希望压在铁锤一个人身上，这样孩子累，我也不能做到始终心平气和地面对。铁锤还小，有自己的未来，我也没有老到没有未来的程度。

每天除了考虑孩子的事情，我也用很多时间规划我自己。我买自己喜欢的书看，去买自己喜欢的衣服。铁锤学习的时候，我在旁边看我喜欢的电影，听我喜欢的音乐。我和很多妈妈不一样，在我眼里游戏厅就是一个亲子交流的场所，而不是什么洪水猛兽。我们隔上一段时间会一起去游戏厅，兑换的游戏币一人一半，他玩"小猴摘椰子"和赛车，我玩跳舞机和打篮球，每次我们都疯狂地又喊又叫，第二天早上起床胳膊都会疼！

我还喜欢收集各种漂亮的糖盒。那些可爱的铁盒子里面有时会是六块包装精美的糖，有时是几块小饼干。我不在意里面的内容，主要是那些盒子太可爱了。我收集了一个蓝色的墨水瓶造型的"阿童木"盒子，一个圆形拉链零钱包式的"哆啦A梦"盒子，红色小火车的曲奇盒子，CD包大小的"大雄"盒子，还有上面嵌满"宝石"的薄荷糖盒子，还有好多。没事的时候我就一个一个拿出来看，往里面装上花草种子之类的零碎玩意。老公说我恐怕是连盒子里原来是什么糖果都不记得了吧，典型的"买椟还珠"！不过他也只是说说，对我丝毫没有办法。

前几天送给朋友的孩子一盒糖果，她老公说小桥送的礼物总是那么不同,感觉小桥特别懂得孩子。我朋友问我在哪儿找到的这么好看的糖?我发现自己对于好玩的、好看的东西非常敏感,总能挖掘出来。就像小孩子有好奇的眼光,也有勇敢探索的心。其实我不是比别的妈妈更懂得小孩,在我自己心里我就是一个孩子。所以我了解我的同类,知道什么是他们喜欢和向往的。

我会一个人冒雨去看演唱会,望着台上我爱的那个明星带着泪水和雨水歌唱,然后我带着满脸激动的泪痕,惊慌失措地往家赶。

每天早上,老公都是六点准时起床,做饭。然后六点四十叫我们起床,第一次肯定是不成功的,然后隔十分钟六点五十老公再来叫我们起床,这次是必须要起了。夏天,他会给我们端来一杯蜂蜜水,我和铁锤依次喝掉,到了秋天他就换成了秋梨膏,要给我们润肺。有时候看我玩得过了头,老公就摇头叹息,说我比铁锤还难以管理!然后我就反驳他,我告诉他,我绝对是一个合格的母亲!这是毋庸置疑的!

在铁锤的眼里,他以为所有的妈妈都是我这个样子:活泼、爱玩,甚至还有些小疯狂的。不过我在严厉的时候也很严厉,只是这样的时候少之又少,一年不多于两次。

我就是这样一个女人,不仅是一个妈妈,同时也是一个小孩。我有作为妈妈成熟、沉稳、干练的一面,也有贪玩、好奇、疯狂的一面。

可能我真的不具有典型的妈妈气质,但是我觉得我真的算得上一个合格的好妈妈。

第四节　书籍是女人最好的美容品

我有两只手,一手拎着柴米油盐,一手牵着风花雪月。
我还有属于我的另一个世界。

有这样一类女人，她们不去美容院，不买昂贵的化妆品，但是她们用很多的时间买书、读书、写书。在她们的世界里，书是她们经久耐用的时装和化妆品。普通的衣着，素面朝天，走在花团锦簇浓妆艳抹的女人中间，反而格外引人注目。是气质，是修养，也是浑身流溢的书卷气，使她们显得与众不同。

对于书，不同的女人会有不同的品味，不同的品味会有不同的选择，不同的选择得到不同的效果，因而演绎出一道女人与书的风景线。有人喜欢期刊，有人喜欢小说，也有人喜欢诗歌散文，还有人喜欢各种烹饪、美容这样很实用的口袋书。

有的女人，读书是为了获取知识，增长才干，她们比较注重思想性强、有哲理、有深度的书。书提高了她们的人生境界，使她们生活得很充实。这样的女人本身就是一本书，一本耐人寻味的好书。读懂她的人，自身需要具有一定的底蕴和品位。

有的女人，读书是为了愉悦身心，陶冶情操，她们喜欢读唐诗宋词，读古今中外优美的散文，在悠悠哉哉的闲适中修身养性，铸就了淡泊平静的一生。这样的女人像一首诗，清新素净非常可爱。和她交流，会有恬淡的心境和清新的态度。

还有的女人，读书只看流行的小说或者某些实用的书籍，烘焙的技巧，插花艺术，她们更注重书籍的实用性，通过读书她们在里面掌握一些实用的技巧和常识，同时也在书籍里面知道了一些为人处世的道理。

读书是女人的立身之本。喜欢读书的女人，学历可能不高，但一定有文化修养。有文化修养的女人大都知书达理，处事冷静，善解人意。经常读书的人，一眼就能从人群中分辨出来。特别是在为人处世上也会显得从容、得体。有人描述，经常读书的人不会乱说话，言必有据，每一个结论会通过合理的推导得出，而不是人云亦云，信口雌黄。

经常读书的女人，她们做事会思考，知道怎么才能想出办法。她们智商比较高，她们能把无序而纷乱的世界理出头绪，抓住根本和要害，从而提出解决问题的方法，科学拒绝盲目；她们做的每一步都是深思熟虑过的。这些都是平时不读书的人所欠缺的。

女友对我说有的人也像我一样，没有一道皱纹，看起来也年轻，但是却没有我这种积极、清新的学生一样的气质。她不解地说你也做家务，也带小孩呀，怎么你的眼神里面却没有那些琐碎的柴米油盐呢？

我也想过，的确我每天要面对这些柴米油盐，也要起早给孩子准备在学校吃的午饭，步行送孩子上学，晚上检查功课，听写生字，甚至隔上一段时间我还要和班主任老师通电话询问孩子近期的状况。但是，我的精力不只放在了这上面，用我自己的话说是：我有两只手，一手拎着柴米油盐，一手牵着风花雪月。

我还有属于我自己的另一个世界。

我的包里每天都有一本书，可能是杂志也可能是小说。这些书里面都有我用剪下来的漂亮的服装标签或者旧的广告纸做的环保书签，一旦有空闲的时候，我就会把这些书拿出来看。平时我也没有大段的时间，在站台等车的时候读上几页，有时候在约会等朋友的时候也会拿出来翻翻，这样积少成多，我每天几乎都有差不多一个小时的时间用来阅读。

腹有诗书气自华。在喧闹、匆忙的城市里，我们在一个安静的角落里阅读，在书中沉静、思考，所以我们可以具有一种独特的气质，朴素而温婉，优雅而淡定。

把别人看电视剧的时间用来阅读

有时候朋友们在一起议论电视剧和综艺节目，我插不上嘴，她们很奇怪地说你家电视是摆设吗？我想了想，除了偶尔铁锤打开看一下少儿频道，我们好像都没有坐在电视机前面消耗时间的习惯。总觉得看电视很浪费时间，因为一个电视剧只要看上两集，就舍不下了，好奇心驱使着总想知道后面的情节，于是几十个小时便这样悄悄溜走了。

这两年我看过几部电视剧，是因为报社的约稿我会写关于某个电视

姿态，女人的幸福密码

剧的评论,例如《蜗居》《媳妇的美好时代》和《幸福来敲门》等。通常我会选择周末的一天,在网上突击把一个电视剧看完,然后利用晚上的时间集中把专栏的稿子写完。我把这些不看电视剧省下来的时间做很多事情,其中就包括阅读。有时候孩子写作业,我在看书,孩子熟睡后,我也是要看过一会书后再去睡觉。积少成多,一年下来我可以读上几十本书。

一般隔上半个月,我会在网上给铁锤订几本书,给他买书的时候我也会给自己选择一本。周末的空闲时候,我和铁锤听着舒缓的音乐,在各自的书桌旁捧着一本书,有时候会听到他读到精彩处"咯咯"地笑出声来,那一刻,时间静止,无限美好。

对一个女人来说,年轻时多读一些书,能让自己秀外慧中,魅力永存;而一旦风华不再,那就更应该多读书、多学习来增加自信,弥补不足。美容专家说:内在气质的提升,必须通过知识来熏陶。所以,从这个角度而言,书籍是最好的美容品。

第五节　好奇的女人才年轻

我们女人,要像婴儿一样,睁大好奇的眼睛来看世界,发现世界新的美。

如果你仔细留意过,你会发现婴儿的眼睛最最漂亮,不论是大眼睛还是小眼睛;不论是单眼皮还是双眼皮,婴儿的眼睛都是黑黑的、亮亮的,无限好奇地打量着周遭的世界。婴儿的眼睛之所以迷人,是因为他的眼睛清澈而好奇,专注而清新。如果我们女人的心灵可以像婴儿的眼睛一般,我们是不是也会美丽而迷人的呢?

我说的像婴儿一般好奇,不是去搬弄东家长西家短,也不是整天盯着网上的娱乐八卦,而是始终保持着对未知事物的浓厚兴趣和积极向上的生活态度。

我有一个忘年交,年轻时很美,她的美还有一段真实的笑话作为佐证。据说当时她出差去另一个城市,在火车站候车的时候,有一个人觉得她太美了,就不转眼珠地盯着她看,结果误了自己的火车。我认识她的时候她已经快五十岁了,虽然保养得很好,但是要是论年轻美貌还是和二三十岁的年轻人无法抗衡的。和她交往一段时间,我发现她特别有魅力,这种魅力不来自她的外表,而来自于她的内在。她条件优越,但不穿华服,不用奢侈品。她去新疆、西藏旅行,甚至一点外语不懂的她拿着字典在国外住了半年时间。她在国外时有一次想喝牛奶,但是不知道牛奶的单词怎么说,她就拦住路人学奶牛"哞哞"的叫声,然后仰起头做喝牛奶的动作。她学插花、陶艺、网页设计,甚至自己当木匠,做各种各样的相框,把老公的摄影作品错落地挂在客厅的墙上。她买不起成品相框吗?不是,她追求的是那个自己动手的过程,在她的世界里,只要她想的都能做到,事实也如此。

这样的女人,不仅男人喜欢,女人也喜欢。

如果一个女人在不断地学习和进步,那么她的美丽不会因为时光流逝而减少,相反会更增添了一种成熟的沉淀。

我们常会发现身边很多女人虽然年轻的时候相貌平平,但随着年龄增长,却有了别样的魅力和风采。也有一类女人,年轻的时候艳若桃花,过了三十,就迅速枯萎了,怎么也看不到从前娇美的样子。我们都说女人20岁之前的外表、容貌是父母给的,20岁之后就要靠自己打造了,随着岁月流逝,到底做哪一种女人,我们自己选择吧!

创作是项特殊的娱乐

如果你愿意,在周末的两天里,你可以不做家庭主妇,不坐在电视前面没完没了地看肥皂剧,我们可以玩一点有创意的东西。

周末的时候我会打扫卫生，洗洗涮涮。但我不只做这些，我还会和孩子玩点有意思的东西。例如我们会用一个上午做各种模样的可爱曲奇，也会用一个夏天积攒的冰激凌杆做一个精致的木质花盆。或者我们心血来潮去花鸟鱼市场，买两种新奇东西回来养。

我们养过那种颜色鲜艳的非洲彩虹蟹，看似笨拙的它们用一只大钳子夹起一块馒头，然后用另一只大钳子从馒头上撕下来一小块放到嘴巴里面，那个过程非常迅速，很有点秋风扫落叶的意思。我们也养过那种会游泳的水蜗牛，一个月时间它们就长大了一倍，甚至还生了可爱的小宝宝。

我和铁锤把废旧的报纸和宣传彩页用水浸泡上一天，然后想办法把它们弄得很碎，这样我们有了一些再生纸浆。然后把这些纸浆弄成均匀的一层，压实，晾干，就得到了一张别具特色的再生纸卡片。这样不仅环保，而且作品独具心思。

有时候我一个人在家，听着喜欢的音乐，画一幅水粉画。我不是画家，也没有受过专业的训练，但是这些并不阻碍我享受创作的过程。

我还会在下班路上走进花店，买一束漂亮的粉红玫瑰，回到家插到透明的大玻璃花瓶里面，接下来，连续一周我都有着花一般的美好心情。

我很爱玩，外人看来好像我总玩着一些看着和年纪不符合的东西。这些广泛的兴趣和爱好，让我在专注而投入的创作过程中，整个人看起来年轻又活力，恬淡而不俗气。

第六节　努力实现自己的理想

小时候我们每个人都有自己的理想，想做科学家、宇航员、教师或者是明星，那些曾经的理想随着我们年龄的增长变得越来越遥不可及，想起那些理想来，长大后的我们会觉得遥远又天真。于是有些人会把自己那些没有完成的理想，强加到孩子身上，希望孩子能够完成自己没有实现的心愿。其实我们完全不用如此，只要你想做，任何时候你都可以走在实现自己理想的路上。

　　我有一个梦想，在还不懂事的时候就有的一个梦想，我想成为一名作家，我要出版自己写的书。后来我学的是理工科，好像从此后和我的作家梦再没有缘分了。

　　我的孩子一岁以后，我每晚都讲故事给他听，开始的时候，我都是靠在床头拿着一本童话书给他一字一句地读，随着他识字越来越多，他常常要爬起来看那个生字怎么写的，这样几次后，他就很兴奋，很晚也不睡。没办法，我只好关掉了房间里所有的照明灯，和他一起躺在床上讲故事。因为我没有可以读的童话书，只好自己天马行空地编童话。我编写的童话故事的主人公都是我儿子铁锤，很多时候，我的故事还没有编完，累了一天的我就急急地进入了梦乡。

　　有一天，老公听了我编的童话后对我说，你写的童话和杂志上写的没什么区别呀，都达到了可以发表的水平了。从那以后白天趁着孩子熟睡的时候，我把自己给孩子编写的童话打了出来，连同我的联系方式一起发到了幼儿杂志编辑的电子邮箱里。意想不到的是，第二天下午，我就接到了编辑老师打来的电话，告诉我很喜欢我写的童话，希望能够长期约稿。从那以后我开始了童话创作，陆续在全国各大杂志上发表。铁锤三岁以后，我把我自己独特的早教方法总结、整理出来，发到网上和大家分享，引起了很多妈妈的兴趣。慢慢地我拥有了一批自己的妈妈粉丝，应大家的要求我在"新浪"上开设了自己的育儿博客。在和大家分享我的育儿心得的同时，也给有些妈妈解决育儿道路上遇到的困惑。慢慢地大家习惯叫我铁锤的妈妈，因为大家都知道我儿子铁锤是一个两岁就能认识一千个汉字并可以独立阅读的小孩。

　　随着我的文字积累得越来越多，有一天我接到《哈尔滨日报》的编辑的电话，她邀请我在报纸的亲子版撰写每周二的专栏——梁小桥亲子周刊。这是我第一次拥有属于自己的专栏，也陆续地接到了育儿杂志的约

姿态，女人的幸福密码

稿,就这样我从一个给孩子写童话的妈妈变成了一个受欢迎的有自己独特教育方式的家长。

随着铁锤慢慢长大,我和铁锤不再拘泥于读书、游戏的活动中,我试着把一些物理和化学实验带到家中,尽量使用家中现有的材料,在安全的范围内完成这些实验。铁锤对我的实验表现出了浓厚的兴趣,出版社的编辑知道我和孩子在家里玩这些科学游戏,很感兴趣,邀请我把我和铁锤游戏的过程用图片和文字方式表达出来,做了一套针对学龄前宝宝的亲子科学游戏书。

为了更加直观地给读者展示我和铁锤做游戏的过程,书中配了大量的图片。图片的拍摄场地就在我家客厅,用的相机是我家最普通的卡片机,我是这些图片唯一的摄影师,我的儿子铁锤是我的小模特。

因为我是第一次成为一本书籍的作者,开始的时候不可避免地遇到了很多困难。

有几次,我们预想可以成功的实验,在实际操作起来却又是另一番样子。有时候实验达不到理想中的效果,也有些时候达到了理想的效果,但是只是在瞬间呈现,等我的相机准备好了,理想的现象已经结束了,没有抓拍到。还有几次,手忙脚乱撞倒了工作台,结果红的、绿的溶液稀里哗啦地洒在了地板上。这样几次反复后,我非常难过,甚至气馁,自己一个人的时候甚至问自己,我这是图什么呢? 我有喜欢的工作,也有养家糊口的收入,何必放着好日子不过,自讨苦吃呢?

低落过后,我会走到卫生间,清清爽爽地洗干净脸,然后绾起头发,走到工作台前继续工作。这样的反反复复之中,我完成了我的两本书。

回过头来看,我非常享受这个创作的过程。在这个过程中,我的心思非常专注,这段时间里只想这一件事,用什么样的游戏更容易操作、更安全? 用什么样的方式把科学道理表达出来家长们更容易接受?

正因为如此,我每天的生活非常充实。有时因为一个游戏失败而失落,然后我仔细分析我失败的原因,在接下来的游戏中改进方式、方法,尽量达到完美的效果。这个时候,我感觉自己就像是一个学生,用自己不同的方式去解决一道很难的数学题,当我通过努力把这道题的答案准确地做出来后,我的心情非常愉悦而欣喜。这份开心胜过我买到了一件心仪的衣服,也胜过买彩票中了大奖。

我很开心,年过三十,我依旧有能力实现我儿时的理想。

虽然我是工科生,从事着一份和文字无关的工作,但是我一步一步地朝着自己的梦想走近。

很多女人过了三十以后,都会对自己的孩子说这样的话:妈妈年纪大了,没有机会了,你一定要如何如何。这样的话说着轻松,孩子听着却很沉重,因为妈妈把自己的希望强加在孩子身上,让孩子去帮助自己完成自己的理想。

其实不论在什么年纪,我们都有实现自己理想的可能,但是如果你放弃了,那么理想就离你越来越远,直到看不见。只要我们不放弃,我们永远都有希望。

不以孩子为实现自己理想的工具,我们自己,就可以

因为有了自己的著作,我加入了省作家协会。记得我去作家协会办理手续的那天,我老公很惊讶地问我:难道你现在是作家了吗?

女人,不论你是单身女子,还是一个孩子的妈妈,你都可以拥有自己的梦想。只要你肯向前走一步,你就离梦想近一步。

第七节　做一个让老公带得出去的女人

我知道,即便已为人母,即便不再是一个可爱的小姑娘,这都不是我邋遢的理由。

未来的人生还很长,将来有的是机会去邂逅。现在我还年轻,没有必要这么早就走上邂逅的旅途。

做一个不给老公丢脸的女人

我的小孩出生后,我们由最开始的欣喜慢慢地冷静下来,直到有一天我发现这个小孩好像不那么尽如人意。相对于其他同龄的小孩,他的发育显得那么迟缓。当时我也买了一些关于幼儿发育的书,对照上面的发育指标,我发现我的小孩在两个月的时候刚好能够达到书中满月小孩的标准,尤其是精细动作,似乎总是不开窍。当时我特别着急,好多过来人告诉我小孩子的那点本事早会晚会还不都是会了呀?急什么呢?可是作为妈妈,谁都希望自己的孩子走在前列,谁也不愿意落后呀!后来我决定在小孩三岁之前做全职妈妈,全身心地投入到和孩子一起成长中去。当我和老公说了我的想法后,他也赞成,于是我就从一个热爱工作的职业女性彻底变成了一个全职妈妈、家庭妇女。

记得那时候每天夜里都要醒来几次伺候孩子小便,每天早上都是在孩子的一堆尿布中醒来,哺乳、做辅食,虽然孩子每餐辅食都吃得很少,但是却要保证辅食品种多样、营养丰富。我没有时间逛街,每天都是那一套衣服,甚至裤子上还有孩子洒上的果汁痕迹,我的短发长长很多,就用橡皮筋胡乱地扎起来。可是我每天都高高兴兴的,只要一提起我的孩子,我就满心欢喜、无限满足。如果有人帮我带小孩,我会去商场给孩子买很多好看的衣服,把他打扮得像王子一样。记得有一次我和妈妈抱着孩子在外面玩,遇到了妈妈的一个同事,对方竟然认不出我来,问我妈妈我是请来的小保姆吗?后来我妈妈告诉我:就是在家带孩子也要有一个光鲜好看的样子,也要是一个干净整洁的全职妈妈。当时我只在意我的小孩是不是聪明、可爱、漂亮,只要我的儿子像个王子,我是不是像小保姆我真不介意。所以,这件事让我妈妈很失落,但是对我几乎没有任何触动。不过后来发生的一件事情让我重新审视了自己的形象,甚至是我的生活。

那是我的小孩还不到一周岁的时候，老公单位办理独生子女证，需要夫妻双方的两寸合影，周末我们去拍照片。因为我不在意我的形象，当时也没想过换件衣服，匆匆忙忙地就离开了家。到了拍照的地方，脱下棉外套，大家都看到我的深蓝色毛衣的左侧肩膀上赫然有一块白色的痕迹！那是我儿子吃米粉的时候蹭上去的。衣服还是脏的，怎么拍标准照呢？工作人员急忙拿来湿毛巾帮我清理那块污渍，这时我转过脸看我老公，他当时的表情我永远都不会忘记，那是混合着难堪、责怪甚至还掺杂着一种可怜。瞬间，我觉得自己非常卑微，真的卑微到了尘埃里了。后来是怎么坚持拍完照片回到家我好像都记不清了，但是那一刻，我非常清楚地看到了自己的糟糕状态，我知道我给老公丢人了。

我知道，即便已为人母，即便不再是一个可爱的小姑娘，这都不是我邋遢的理由。

未来的人生还很长，将来有的是机会去邋遢。现在我还年轻，没有必要这么早就走上邋遢的旅途。

后来的日子我开始留意自己的打扮，尽量清爽干净。定期去商场选择适合自己的衣服，我也开始留意每次出门前自己的装扮，尽量让自己端庄得体。有一次我们带着孩子去超市，这时一个男人走过来，很疑惑地指着我的小孩问我：他是你的孩子吗？你身材怎么恢复得这么好呢？你是人工喂养吗？在他身后，我看到一个臃肿的女人，我知道他是一个爱老婆的男人，他这样唐突不过是想问我是不是有什么迅速恢复身材的"秘方"，可以让他的老婆也能够很快瘦下来。

生活中的女人，大多是平平常常的普通人。但是，我们不能因为自己是普通人，三十多岁了，已经是孩子妈妈了，而不注意自己的形象，因为你的形象不仅仅代表着你个人的状态，同时也和你的老公、孩子有着千丝万缕的关系。

所以，我们要努力完善自己，做一个给老公加分的妻子。

第八节　女人要有养活自己的能力

在电视剧《奋斗》里面，我们看到了女主角夏琳别样的爱情观。她既是陆涛的理解者，又是竞争者。他们俩其实都在寻求独立、自由和责任。他们对爱情的理解基本上是相同的，爱情的本质对他们来讲都是奉献，所以夏琳在没东西可奉献的时候就离开了陆涛，这是一个比较理想的形象。一般人会想，我要是没什么东西可以奉献了，那我还可以享受你的东西，因为这份东西是你和我共同奋斗得到的。但是夏琳觉得：没法为你提供帮助了就是我没法爱你了，所以我要走。

曾经在网上有过类似的话题讨论，女人婚后要不要出去工作？有的女人说当然要做太太，老话说得好——嫁汉嫁汉，穿衣吃饭。所以那些让老婆出去工作的男人都是没有能力的男人！也是不懂得珍惜爱护自己老婆的男人！也有人说男女是平等的，女人当然要出去工作，因为工作不仅仅是为了自己有一份收入，同时，工作还是自己能力的证明和社交的一个重要渠道，有工作的女人的精神状态一定好过一个整天忙于家务的主妇！

"干得好不如嫁得好"这句话很多人赞同，爱情往往在物质与诱惑面前会显得贫瘠而卑微，力不从心，所以女人也很迷茫，她们不清楚是干得好幸福，还是嫁得好幸福？

何谓"嫁得好"呢？

有房有车、衣食无忧、饭来张口、衣来伸手？很多女人嘴里说的"嫁得好"指的都是看得见、摸得着的物质层面，好像一个女孩嫁给一个对自己温柔体贴的穷小子就不算嫁得好了。

可是，一个女人的婚姻生活，只有物质一个层面吗？精神是可有可无的吗？

我们承认，物质是不可缺少的，因为我们不可能始终饿着肚子去欣赏风景。但是,婚姻里面只有物质就可以吗?试想一下,一个住在豪华宫殿里的女人,锦衣玉食、珠光宝气、一身华服,可是她的老公极少回家,回来了和她也说不上几句话,甚至懒得看她一眼,她算是嫁得好吗?

"嫁得好"里面的这个"好",不仅是要提供给你比较好的物质生活,同时也要给你足够的理解、尊重和爱惜。如果两个都有,才算是真的"嫁得好"了。

所以"嫁得好",不只是在物质层面上,它应该包括物质和精神两方面。那"嫁得好"还不如自己"干得好",能够"干得好",又何愁"嫁不好"?就像伏明霞嫁财郎。暂时"嫁得好"也未必"终身好",例如嫁入豪门又离开豪门的贾静雯。

如果你喜欢在婚后不去工作,而你老公又愿意养你,那么你可以心安理得地享受老公赚回来的胜利果实。问题是你老公今日愿意养你,明日还愿意吗?爱情是多么玄妙的东西,猝不及防它就在我们心中出现,也正因为玄妙,它也会不打招呼地消失不见。

有一个女人觉得自己嫁得好,可以婚后什么都不做,不用像其他同龄人那样朝九晚五地在外面打拼。可是她的老公觉得有压力,他说了一句很难听的话:就当是我养个二奶了,可是谁养她这个姿色的二奶呢!

所以,女人不能让自己像浸透的海绵一样,既沉重又潮湿地依傍在男人身上,无法主宰自己,也让男人无法呼吸。

女人的江湖未必就是男人的怀抱。因为今天他爱你,怀抱是暖的,明天他不爱你,他的怀抱就会变得无比冰冷。而你,却已经失去了温暖自己的能力。

一个男人说:我并不需要一个很会撒娇,等待报偿的女人,我真正需要的是一位助手、一位伙伴,而不是成天要我照顾的小女孩。话说回来,我去照顾她,那谁来照顾我呢?遇到困难的时候,又有谁来安慰我呢?这可能是很多男人的心里话吧!

我的一位当了几年全职妈妈的女友以笔试第一名,得到了一个去周边县市工作的机会,因为每天要通勤,所以犹豫要不要出去工作。她的老公说放着好日子不过，每天接送一下孩子，看看电视剧，逛街购物，不是挺好的吗？何必天天折腾去工作呢？她问我意见，我告诉她一定要去！尽管家里不差她的那份收入，但是等到孩子上了小学之后，你就会发现在孩子心里一个有工作的妈妈和一个待在家里的妈妈是完全不同的概念。朋友说不用等到上小学了，现在她女儿就很羡慕别的小朋友的妈妈有工作！后来朋友选择了出去工作，一段时间后我再见到她，发现整个人都有了很大的变化，比以往自信了，看着也漂亮苗条了很多。

职业对于女人来说不仅仅是一份收入，还是和老公共同分担家庭重担的一种支持和理解，更是给自己一个提升魅力和能力的空间！

张小娴说：女人最好的投资是双龙出海，有自己的事业，然后再找一个好男人，上对花轿。虽然大部分女人没有运筹帷幄、奋力拼杀的才能，但至少身上还是有那么一点儿闪光的东西。

第九节　勤劳才有机会变成美女

很多人问过我为什么看着比实际年龄年轻好多，也有人问我用什么护肤品，有没有什么秘方？其实只要是女人，就绕不开美容这个话题。我一直没有化妆的习惯，每天都是用洗面奶洗脸，然后是爽肤水、乳液、润唇膏。

先从去死皮开始吧，我原来用磨砂膏，但总是感觉那里面的物质弄得我脸微疼，很不舒服。我怕它把我的表皮都给破坏了，索性只用磨砂膏来护理手。手和脸比起来，毕竟有些"历练"，不那么娇嫩。后来我用很多人减肥用的配方——绿茶粉调上酸奶，均匀涂抹在脸上，十分钟后，用手指轻轻揉搓，你会感到每一个绿茶的微粒在你的脸上轻轻滚动，很舒服。你要把脸上的每一个部分都搓到呀！当然每个部位用的力度是不同的，眼睛周围用的力度小些，额头可以大一点。还有揉搓的方向也要注意，基本我选择从下向上的方向。这主要是为了对抗地球的吸引力！然后我们可以用水将脸上的东西洗掉,这时候你用手摸摸自己的小脸蛋,很滑很嫩,比磨砂膏的效果好很多!

我一般一周去一次死皮,我总怕去死皮去的太多了,我的真皮部分露出来!还有洗脸的水温,我没那么计较,只要是手放上去稍感温和就好了。

我觉得真正能给皮肤"加油"的是面膜。因为在做面膜的时候,心情安逸,皮肤也放松,我尽量选择在晚上用电脑的时候做面膜,这样面膜能将我的脸和电脑屏幕隔离开,让我的心情好一点。我用过的面膜很多,海藻、芦荟、牛奶……五花八门,也用过大S推荐的小黄瓜水。这些我都没有太明显的感觉,不过我用过的一种自制的面膜,物美价廉,效果也很好。就是铁锤常喝的五大连池矿泉水,每次在他喝之前我都先倒出小半杯来,然后将压缩纸面膜放进去,看见矿泉水里面冒出来许多小气泡,接着压缩纸面膜在里面神奇地膨胀,最后变成一团。这时候拿出来敷在脸上,非常清爽舒服。坚持一段时间,皮肤的状况会大为改善。我的皮肤问题比较少,从来不长痘痘之类的东西,也没有发生过敏现象。做面膜的目的就是保湿,所以这款矿泉水面膜解决了我的问题,它让我的皮肤干净透亮,清清爽爽。一般在做面膜前,我都会把矿泉水在冰箱里放一段时间,这样敷上去很舒服。

在敷面膜的时候,很多女孩会觉得有的面膜不便宜,多敷一会再扔掉,会少浪费一些"精华"。其实再好的面膜在脸上也就保持15~20分钟的湿润,时间久了,它会变干,甚至会带走皮肤原有的水分,这样就得不偿失了。我在做矿泉水面膜的时候,会准备一个很小的喷壶,将矿泉水倒进去,在感到面膜有点干的时候,可以用喷壶再将面膜喷湿润。如果真的不舍得将面膜扔掉,可以把它敷在手上或者膝盖这些容易粗糙的部位。

有空闲的时候我会每天晚上都做面膜。时间久了我老公很习惯,如果我无所事事地在房间里乱走,他就说:别浪费时间,你去做个面膜吧!现在铁锤看着我一张带着面膜恐怖的脸孔一点不惊讶,有时候晚上我还和女友每人顶着一张深色或者浅色的面膜视频聊天谈事情。

眼霜，原来我几乎不用，因为我用的眼霜都感觉很油腻，有时候眼睛还会流泪，所以就放弃了。有一天朋友告诉我一定要用眼霜，不要太自信。她送给我一瓶纯植物制作的眼霜，她说保证不油腻。拿回来后我放在冰箱里一直没动，后来怕过期了，拿出来涂上试试，真是清爽不油腻！然后一直坚持下来。

秋天的时候嘴唇干燥，我会用无色的润唇膏厚厚地涂上一层，然后在上面敷上一层保鲜膜，如果可以，最好在保鲜膜的上面再敷上一层热毛巾，二十分钟后，你会发现你的嘴唇变得特别娇嫩。如果你有那种化妆的小毛刷，在唇上轻扫，就会有一些死皮脱落。然后涂上润唇膏，这时撅起你的小嘴巴，就是一朵娇艳的花骨朵了。

还有我虽然不化彩妆，但是我一直用卸妆油洗脸，清洁得很通透呀！

这是我的护肤经验，几乎没什么绝密，我的体会是一定要坚持，坚持最重要。

很多人崇尚天然的东西，我觉得天然的未必适合弄到我们脸上。因为天然，所以里面肯定会有不适合我们皮肤的物质，我建议大家不要盲目认为天然的就是安全的。

我从来不去美容院，给我老公省钱了。不知道他是不是觉得我是一个非常节省的女人呢？

爱护我们的第二张脸

其实每个女人的手长的都不同，长短粗细各有千秋，这是父母给的，我们无法改变，但是我们可以在这个基础上做到最大改善。如果不是十指纤纤，起码要看起来细腻白皙吧。一双粗糙满是倒刺儿的手即便先天条件再好，也很难让人感觉到美好！

平时我每次洗手后都会涂上一层护手霜，还要特别留意指甲附近的皮肤，那里常常照顾不到，也最容易生问题。尤其是秋冬季节，天气干燥,皮肤很容易生问题,而且天气冷,血液循环差一些,皮肤吸收营养成分的能力也相应下降。所以我每次涂抹护手霜的时候,都会留意在指甲附近仔细按摩,按摩会让手部的皮肤更好地吸收这些滋润的成分。

在做家务的时候我们大家都会选择橡胶手套戴在手上,这样可以减少手和各种洗涤剂类化学物品直接接触的机会,是对手部皮肤的最好保护。我们在做家务前,先用温水将手清洗干净,用爽肤水轻轻地拍一层在手上,记得不要图快,要拍均匀呦!再涂抹一层护手霜,一般这一层护手霜我的用量比较足,也是要均匀,同时甲床附近一定要按摩式地涂抹。自己的手,自己要上点心。这时最关键的一步要来了!我用在药店买的100%纯甘油在手部均匀涂一层,纯甘油很黏,涂抹时要照顾到双手的每一个角落。这些步骤完成后,再戴上一双一次性医用手套,在一次性的手套外面再戴上我们做家务用的橡胶手套,这样你就放心地去做家务吧!等你半小时的家务完成后,你慢慢地将两层手套摘下来,你会发现你拥有了一双细嫩无比的手!

之前用温水洗手,一是为了清洁,还有一个原因是让手部的温度升高,改善血液循环,更好地促进滋润成分的吸收。也是最大限度地利用护手霜,少浪费!

不仅是做家务,如果想让手部皮肤更好,可以像我这样,每天睡前做这些工作,然后在睡觉的时候戴上一次性手套。我家的床头始终有纯甘油、护手霜和一袋一次性医用手套。后来我将这种方法用到了脚上,效果也很明显,不过没有一次性"脚套",我穿了一双纯棉白色短袜。只有冬天把这些工作做好,夏天才可以有漂亮的脚穿凉鞋呀!

我还偶尔做美甲,但是我不做那些复杂的图案,只是涂上自己喜欢的颜色,在键盘上打字的时候,看着十个手指头欢快地跳舞,心情好得像飞一样。

为人妻、人母,不可避免地要做些繁杂家务。琐碎生活可以抹去很多光彩,但是只要我们愿意,我们依然可以有一双盈盈玉手。

姿态,女人的幸福密码

第十节　女人不是婚姻家庭的牺牲品

当一个女人结了婚，有了自己的孩子，就意味着生活的起点，也意味着终点。

——《廊桥遗梦》

千百年来，贤妻良母都是对于女人的赞美。

辛苦付出，似乎是每一个中国女性都应该尽到的本分。

我的一个女友说，不论家里有多少水果，自己吃的永远都是那个最小、最干巴的。这样的事情在许多女人身上都发生过，最好的东西留给孩子，一个小西瓜切开两半，中间最甜的部分用勺子挖给孩子吃，一个大苹果让孩子先吃，吃不完的，妈妈拿来继续吃。很多人说妈妈之所以胖，就是因为吃孩子的剩饭。因为总觉得扔掉可惜，所以会拿过来吃掉。

我们女人，难道只是为了家庭和孩子牺牲吗

柴米油盐，事无巨细，老人、老公、孩子，样样要我们经手，件件要我们操心费神。我们不假思索地奉献着、快乐着，似乎是只要他们好了，我们的好与不好就不那么重要了。我们放弃了自己的时间和空间，流连在超市，疾步在路上，等候在孩子的特长班门外。我们每天像上了发条一般，不由自主地旋转。我们没有时间去看一场电影，没有心情去实现一次旅行，甚至没有时间静一下，想想关于自己的事情。

忽然有一天，我们对着镜子，竟然发现镜子里的人是那么的陌生。不知道什么时候皱纹不打招呼就爬上了我们的眼角，也不知道什么时候因为常常皱眉头我们的眉心之间有了川字纹。

或许有一天，我们为之付出全部的孩子并没有我们期待中的那么好，我们寄予无数希望的老公每天回家就是在看电视看报纸，你说上十

句话他答不上一句。终于有一天他的心离你越来越远，你不明白为什么自己的勤勤俭俭，劳心劳力，为了这个家付出了所有的精力，怎么就挽不回那颗曾经爱恋的心？

因为，我们忽视了一个问题，男女是不一样的。

男人，天生有征服的欲望，当你在他眼里失去了所有的光芒和吸引力，你注定要被替代了。男人的面子，比他们的生命都重要。所以，他们愿意自己的妻子在别人眼里是貌美如花，至少是中等姿色，而不是泯然众人，更不是老土，老气。很多时候，他们更愿意自己的妻子晃晕了别人的眼，而不是入不了别人的眼。

岁月很无情，确实会带走很多，比如说激情，比如说青春，比如说光洁的肌肤，但是，在失去的同时我们也得到了很多。爱情淡了，我们可能更加意识到亲情的可贵，友情的必不可少。所以，我们有自己的优势，我们会从容面对发生的一切。想跟"入侵者"斗，我们的起跑线就不能太悬殊。

对于我们的幸福生活，窥视是别人的权利。但是，捍卫也是我们的权利。

一个好妻子，知道善待自己，因为只有这样你的老公才会善待你。所以，你不要算计买一瓶化妆品的钱可以买多少菜和肉，不要去计算在外面吃一顿饭会让商家赚了多少银子，也没必要每天让自己灰头土脸却把男人侍候得年轻光鲜，谁见了都说他还是一个小伙子，而都以为你是他的大姐。不要给他什么都舍得，给自己什么都不舍得。如果这样，你就好像做了一张网，这张网越来越紧，最后束缚住了你自己。所以，不要让岁月的沧桑影响了你的心境，女人味，越是有了年华的过滤，越会显示出来。保养自己的容颜和身体，就是保养了婚姻的新鲜度。

为人妻子，我们要做得一手好菜，然后看着一家人欢声笑语地围坐在一起享用。我们也要不时地享受一下周末晚起，让老公做一次早餐。让他知道，彼此照顾对方的饮食起居是我们的幸福，我们同时也很享受对方带给我们的细心呵护和娇宠。

我们不会永远年轻，但是我们可以风姿绰约；我们不会永远靓丽，但是会风韵犹存。他当时在万人之中选择你，自然是因为你有过人之处。不要让时间磨蚀了你的美好，让你的优点，成为吸引他的不可抵挡的魅力。

　　结婚、生子，不是一个终点，相反它是一个起点，一个让女人更加美好的起点。

　　婚姻、老公和孩子会牵扯我们很多精力，同时也会赋予我们一些从前没有的东西，例如：淡定、从容和优雅。

　　有的女人心甘情愿地为家庭付出一切，时光流逝，身边人依旧神采奕奕，自己却是灰头土脸的黄脸婆。终于有一天，她知道了她最不愿意知道的事，然后她一遍一遍地问老公：自己为了他，为了这个家，熬成了黄脸婆，为什么要这样对自己？

　　可是，当初谁又逼着你变成黄脸婆呢？难道不是你心甘情愿的吗？

　　虽然我们是女人，但是我们的父母也一样是辛辛苦苦把我们养大，和男同学一样地接受教育，甚至一样在职场打拼，是谁规定女人就一定要为家庭牺牲全部呢？

　　没有谁，一切是你自己选择的。

　　父母把我们养这么大，不是让我们为了家庭和老公牺牲的，当他们看见自己的宝贝女儿变成黄脸婆，他们的心情该有多么难过？

　　所以，做狐狸精吧，做他一个人的狐狸精。或娇、或嗔、或痴怨，用你的柔情，编成一张网，让他永远走不出你的世界，把你捧在手心里，做他永远的宝。

第二章
问题围城中的女人

一个女人，到了适当的年龄，大多数都会步入婚姻的围城。当年是一个无忧无虑的女孩子，在父母面前千般万般好，一旦为人妻为人母，事情就又是另一番样子了。可能琴瑟相调、幸福美满，也有可能风雨飘摇、分道扬镳。围城中的百般滋味，只有当事人最最清楚了。

第一节　孩子气的女人会幸福吗

很多男人喜欢孩子气的女人，因为可以满足他们大男子主义的虚荣心。但真正在一起以后，他会感觉到始终照顾另一个人很累很烦，特别是那种不知分寸的小女人。他会身心疲惫，甚至想停止或者逃避走开。

一个聪明的女人应该知道自己什么时候该是小鸟依人的女生，什么时候又该是宽容大度的女人。

熟悉我的人都会觉得我是个很孩子气的女人：对新鲜事物很好奇，喜欢去探寻。在某一时间段对某一事物非常专注，很随性，这一刻想到了什么，下一刻马上就要去做。思想简单，和朋友聊天，常常会问对方：是吗？会吗？不能吧？朋友说在我的心里住着一个未长大的孩子，并会在我生活的不同侧面展现出来。朋友对我的评价相对客观，不过前段时间我听女友说起她的一个同学,我发现和她比起来,我绝对不是个孩子!

和女友聊天,她和我说起她的一位女同学 M。她说 M 很不容易,从小父母离异,自己和妈妈长大。后来工作还算顺利。结婚、离婚、再婚、生子、再离婚,短短几年内经历了这么多的事情。我女友毕业后和她一直未见过面,重逢时 M 已经是第二次婚姻失败了。我问女友 M 现在一个人带着小孩生活吗?女友说 M 没要小孩,她觉得如果自己要了小孩会影响到自己未来的生活质量。我说现在的女人都想得开呀,自己的美好未来比小孩要重要。这是每个人的不同选择,也无可厚非。不过通过她不要小孩这件事,我觉得 M 不是一个负责任有爱心的母亲,起码有点小自私吧。

女友觉得 M 可怜,给她介绍了一个事业有成的中年男子。结果事情就这么巧,M 和中年男竟然有过一面之缘!那还是十年前,M 第一次婚姻失败,经人介绍认识一个长她 12 岁的男子,而这个人就是今天朋友给 M 介绍的这个中年男!不过当时 M 没看好对方,觉得对方的条件不是很适合自己,所以两个人就没有继续交往下去。经历坎坷,十年后再度重逢,两个人忽然觉得非常有缘分,后来发生的点滴小事都证明了彼此间存在着默契,一时间爱火熊熊,相识半个月后 M 就搬到中年男子的住处和他同居了。女友提醒 M 此举是不是太急了点?M 回答女友,两个人太默契了,他们彼此非常肯定对方就是自己要找寻的那个人了。事已至此,女友也无法再劝说,唯有送上一份祝福。

我觉得 M 好像是一个思维简单的孩子,做事情太冲动,不懂得综合各方面情况来考虑,很浪漫还意气用事,完全不像是一个经历了那么多的女人。

没想到好景不长,矛盾出现了。

首先是 M 和中年男子的母亲的第一次见面。那天中年男子上班去了,M 当天休息。对方母亲来的时候已是日上三竿,她还在赖床。M 觉得此种见面的方式非常尴尬,不断抱怨。我对女友说她有什么可以抱怨的呢?那么晚了,三十多岁的人为什么还在赖床?没有结婚,为什么要跑到人家儿子的房子里去睡觉？这能给人家妈妈留下好印象吗？M还抱怨，老太太常来给儿子打扫房间，有时候还熬滋补的中药放在冰箱里面。临走的时候还叮嘱儿子那些药在冰箱的哪一层，记得吃。于是M就挑理了，因为老太太说这些话的时候仿佛她这个人根本不存在，为什么她只给儿子熬中药，而没有自己的份？我听到这里，觉得很好笑，你是人家的什么人呢？你以什么身份出现在老人面前？如果你是一个同居女友，还要老人家来给儿子打扫卫生吗？你是做什么的呢？别说是同居男友的妈妈，就是自己的法定婆婆，人家照顾自己的儿子熬点滋补的中药，你也只有旁观的份，什么理也挑不出来。我对女友说M是个娇气的小孩子吗？一大把年纪了，经历也够厚重，婚都离了两回，母亲也当过，怎么好像一点不懂事呢？

女友说M从来不做饭，不论多晚都要等中年男子回家做饭，男人不做饭她会饿着不吃饭。我说她三十多岁了，难道不会做饭？她说M就会做点素菜，不会做有肉的菜。而且M觉得自己就是这个样子，没有隐藏的必要。既然要长久地在一起，当然不用掩饰自己的缺点了。自己就是不会做家务也不爱做家务，她希望对方可以像父亲一样宠她、爱她。对方稍有点让她不满意的地方，她甚至会操起电话在里面骂人！听到这，我告诉女友这个中年男子和她交往不出六个月，一定会厌烦，以种种理由不回家，然后在遭遇冷暴力的情况下，M会自己卷起铺盖走人！

几天后的一个下午，女友告诉我M和中年男子分手了，分手决定是M在赌气的时候提出的，男人顺水推舟，自然也没有异议。交往到分手整三个月，和我预测的交往时间打了个对折，看来男人真是没有多少耐心！M在分手的第二天心生悔意，央求女友陪着她去找对方。女友在和我说的时候，也是非常无奈。M走到这一步，怪谁呢？

M和对方相识半个月后火速同居，这个决定太草率。很多人会认为都是离过婚的成年人了，同居也没什么。不是婚前同居就罪该万死，但是这件事情的确是要慎重考虑的。

在我看来离过婚的女人也有贞操，也应该爱惜自己。在不甚了解的情况下,急急地把自己交付给对方,是不是太欠考虑了呢! 很多男人都不排斥早早同居,但是又有几个男人真心愿意娶一个认识半个月就和自己同居的女人做妻子呢?

M 不做饭不做家务,她也不想为对方有任何改变,理由是她就是这个样子的。我对女友说 M 是想和这个男人结婚的吧? 既然想要和人家结婚共度一生,为什么不积极地把自己美好的一面展现出来,让他不能自拔地爱上你,心甘情愿地娶你呢? 如果一个男人深深地爱着你,他会淡化你的缺点,甚至会认为缺点同样也十分可爱。可是在这个男人还没有爱上你的时候,你就匆忙地把缺点肆无忌惮地亮出来,男人会不会心生厌恶? 就是曾经动过娶你的心也给吓回去了吧?

M 的种种做法好像一个不懂事的小孩子,思维简单,做事情欠考虑、冲动,也不够自律。哪里有三十几岁的小孩子呢? 一个中年男人再婚,都会非常现实,一时喜欢都愿意娇惯着,但是又有谁愿意后半辈子找一个像孩子一样的女人始终哄着、捧着?

可能也会有人愿意一生都哄着一个小孩子,但人家会要求你真的像个孩子,有孩子般的娇嫩肌肤,孩子样的清澈眼神,孩子式的朝气蓬勃,而不是年纪一把,什么特征都是成熟女人,就是心态像个不懂事的小孩子。

每一个男人都希望自己的女人有孩子的一面。这个孩子要有纯净的心灵,适当地依赖男人,乖巧听话,甚至可以偶尔撒娇,让男人体会到做大男人的感觉。而不是一个固执的、自私的、冲动的、不懂事的,凡事只为自己考虑的孩子。

一个孩子气、充满童稚的女人一样可以幸福,但要看你是哪一类的小孩子。

第二节　面子重要,还是婚姻重要

如今的社会,女人和男人一样面临着职场竞争和压力,在尊重、自身价值等方面和男人有着同样的需求，因此和男人一样，女人同样需要"面子"。当婚姻中出现了"面子"问题的时候，我们是"打肿脸充胖子"放弃婚姻呢？还是弃"面子"于不顾保护婚姻呢？

男人和女人是大学同学，结婚几年后才有了一个宝贝儿子，收入稳定，生活幸福。可就是这样一个无可挑剔的家庭突然说散就散了，一时间朋友们都摸不到头脑。

原来女人调换了工作岗位，新的工作需要接触很多客户，所以在工作以外的时间难免会有应酬，有些时候会比以往回来得晚些。一次两次能够理解，日子久了，男人就不高兴了，除了担心女人晚归的安全问题，同时也有其他的担忧。女人说了，这就是我的工作，如果你养得起我，我还要出去工作吗？男人无语了。此时的无语并不代表男人能够心平气和地面对这件事了。终于有一天，矛盾爆发了。这一晚女人很晚了仍没回来，男人压不住怒火冲到了饭店找女人回家。那晚男人的表现十分失态，谁都拦不住，并且还在无意中打碎了饭店那个近万元的装饰盆景。

回到家后，男人意识到了自己的错误，一个劲地赔礼道歉。但是女人觉得他让自己在同事面前颜面扫地，是对她极大的不尊重。不论男人怎么哀求，她都坚决表示要离婚。女人觉得他能有第一次，就可能有第二次，所以不值得原谅。因为她丢不起那个人！她很怕第二天上班同事们对她的指指点点，那样她太没有面子，实在没法子在这个单位待下去了。经过考虑，女人赔偿了饭店那个装饰盆景的钱，然后迅速和男人办理了离婚手续。一时间，同事们被她的"闪离"惊得目瞪口呆，再也没有人说三道四。起初她对于自己的决定很有些快意，甚至有些得意。毕竟单位的同事们谁也不能看她笑话了，自己是一个多么有魄力的女人呀，你既然不给我面子，不尊重我，那我毫不客气把你给 pass 掉，绝对不会委屈地过日子。

离婚后女人一个人带着孩子生活，几年里她又经历了长长短短的几段感情，现在依然是单身。孩子几次提出要她复婚，她没敢告诉孩子他爸爸已经组成了新的家庭。她现在十分困惑:难道离婚是错的吗?和一个不尊重自己、不给自己面子的男人还有必要维持婚姻吗?

我们都知道一段好的婚姻应该包含尊重、理解、信任很多方面,同时这些都是相互的,不能只是丈夫尊重妻子,妻子也应该尊重丈夫。在这世界上有一种女人不论她经历过多少,也不管她多老的年龄,她始终都能拥有一种少女的气质。同理也有很多男人不论外表多么沧桑粗犷,他们在内心深处都像一个孩子,而且这样的男人有很多。既然像孩子,就会像孩子一样的爱犯错误。

错误和错误之间是有很大差别的,有些错误不可原谅,有些错误可以给予改正的时间,在以后的生活中留用察看。在我看来,这个男人的错误是在可以原谅的范围之内的。首先他的出发点是没有错误的,是对妻子的担心。至于他心里那一点小顾虑,也无可厚非,毕竟是为了这个家。所以不妨原谅他,毕竟在其他方面他是无可挑剔的。我相信如果女人原谅了他,他会在今后的生活中注意自己的言行,更加地尊重自己的妻子,爱护家庭。可是女人没有这么做,相反地选择了看似痛快一了百了的道路。女人本想通过这条路走向尊严和幸福,没想到却适得其反,最终失去了幸福和尊严。

我们可以想一下:什么是面子?不过是别人如何看自己,是别人目光里包含的内容。说到底,面子是别人给你的,是个摸不着看不到的东西。而婚姻却是非常真实的,是真正属于你自己的。我们没有必要为了那些虚幻的东西而放弃自己手中实实在在的拥有,那样真的不够聪明。

当初为了不被外人看笑话,赌气结束了自己的婚姻。现在一个人生活有诸多的辛苦,大家却都在看笑话。

想要面子,最终偏偏却又失去了面子。

婚姻是我们自己的,好与坏只有我们自己知道,所以别人怎么说、如何看,和我们没有关系。

男女双方都应该重视对方的"面子"问题,婚姻才会稳固,也会更加和谐。

年轻的女子都会特别在乎面子,因为那不仅仅是面子呀,而是来自对方的尊重,是对方有没有把自己放在心上的表示。不过话说回来,面子不过是给别人看的,而婚姻是不是幸福,这个人是不是可以和我共度一生,只有我们内心才知道。

有些事情,当时很在意,恼羞成怒,平静下来可能发现根本不值一提,未来日子里如果你想起来,只会一笑了之。

所以,恼怒的时候千万不要做任何决定,因为此时你做的决定往往会让你的生活陷入一种糟糕的境地。

第三节 发现老公的暧昧短信之后

这世上总有那么一类女人没有能力管理好自己的婚姻,却又要去窥视别人的婚姻。面对这样的一类人,我们只有让我们的婚姻更加和睦、稳固,让窥视者撞得晕头转向、满眼金星。

去年春节之前,我一个年轻的朋友和我说她很不开心。

她告诉我她在老公的手机里发现了一条暧昧的短信。我笑着说,什么内容呀?毕竟"暧昧"的帽子可不是随便就能给人戴的。她说短信的内容是:睡觉了吗?晚上睡觉盖好被,别着凉。

我朋友二十几岁,小巧玲珑的江南美女,名牌大学的高才生,生了小孩后一直在家做全职妈妈。她老公有稳定的工作,业余时间经营一家人像摄影店,所以接触的人比较多也杂一些。看到这条短信后,朋友第一

姿态,女人的幸福密码

个反应就是在她在家带孩子的这段时间老公出轨了！于是她拿着手机短信问她老公是怎么回事，她老公说是他的一个客户，三十多岁，他给她拍过外景，所以彼此留了电话。而且这个女人后来还陆续介绍一些客人来，算是认识吧。有时候这个女人会打电话过来，咨询一下电脑方面的问题。这个女人曾经提出邀请她老公吃饭，他都拒绝了。他说他们的交往仅此而已，让朋友不要多想。朋友说这个女人的婚姻不幸福，自己经营一家店，老公常年在外地工作，据说电话都很少打给她。这次短信事件之后那个女人依旧发些类似短信过来，朋友生气了，打电话过去，对方又不接。前几天朋友老公把这个女人的号码拉进了黑名单，并且告诉她自己的妻子很介意，以后请她不要发短信和打电话了。

和我说起这些的时候，朋友依旧很气愤，我劝她没必要生气，因为她的老公是清白的。如果她老公动心了，拿这个女人当回事了，自然不会保留这条短信被老婆看到。可能在他眼里这不过是一个玩笑，根本没有放在心上，自然也不怕被老婆看到会如何。但是这条短信的内容如果不是玩笑，那么的确涉嫌暧昧了。自己老公晚上是不是盖好被子，用得着别的女人操心吗？管好自己老公好了，哪还有闲心和心情管别人老公的冷暖？

虽然朋友相信老公是清白的，但是这条暧昧短信真的是给我朋友的生活敲响了警钟。

我觉得她应该自己思考一下，为什么有人敢窥视自己的老公？朋友是个美人，不过是这三年的全职妈妈生活忘记了收拾自己，一颗心完全扑在孩子身上，每天张嘴闭嘴的都是孩子，认识了多少个字？哪一家幼儿园比较适合？咳嗽了要不要去医院？她为孩子什么都舍得，对自己一点也不舍得。再漂亮的美人也要有好看的装扮，何况她老公还是摄影师，对美有着独特的鉴赏能力。每天在店里看着光鲜亮丽的女子，回到家面对一个毫不修饰的女人，心里难免会有些落差。

当然面对这个发短信的女人，朋友的老公可能丝毫不曾动心，但是

如果朋友长期如此，终会有一个让他动心的女人出现，那时即便男人迫于责任和道德，可能身未动，但是心却已经很远了。

让一个男人爱你，不舍得离开你，你就要有值得他死心塌地的优势。不要让他回到家后，觉得外面的女人个个都比你好，这样的男人即便不离开你，他对你也没有丝毫真挚爱意，最终你留住了他的身体，但在精神上你绝不是胜者。

朋友说在看到短信的一刹那，她便开始怀疑老公出轨了。其实她老公应该没什么问题，但是为什么朋友会有这么重的疑心呢？因为她从前的那一份自信在三年的全职妈妈生活中消磨得所剩无几。一个女人，要有幸福美满的家庭，有老公和孩子，也要有自己的职业和经济收入。有自己的职业，可以得到来自社会的肯定，这份肯定给了女人很多自信。同时一份收入，也是女人生活的保障。这份收入不论多少，是对女人能力的一种肯定，也是对家庭最实际的一份分担和爱。

怀疑的起源是自卑

自信的人即便事情发生了，他可能都还不相信。而自卑的人，一点风吹草动，都觉得是波涛汹涌。

想让老公身边的女人对自己的老公望而却步，有什么好办法？我们把老公"毁掉"，让他变成一个别的女人看都不想看一眼的糟糕邋遢男人，这样是不是很安全？这样的确安全了，但是下下策。

好方法是不断提升我们自己，让我们可以内心丰富、外表靓丽地出现在人前，上得厅堂、下得厨房，总之是那条微博里说的客厅里的贵妇、厨房里的主妇，还有卧室里的……如果我们把这些都结合起来，相信大多数女人都会自惭形秽，即便垂涎于我们老公，也会望而却步、不敢下手吧？

事情过了两个月，我的朋友完全变了一个人，孩子送到了幼儿园，她投出去很多份简历，面试排得满满的，每次和我聊天也不再是孩子、老公这些内容了，还添置了几件新衣服。我想真的应该感谢那个女人的暧昧短信，把我朋友重新打造成了靓丽女子，如果那个女人知道她的短信会收到这样的效果，不知道会作何感想呢？

能从一件看似糟糕的事情上获取正面的能量，这就是聪明。

第四节 遭遇背叛，女人该如何转身

你问我什么最热，我说爱恋中男女的眼睛，热得能够将对方融化。你又问我什么最冷？那我告诉你，什么都冷不过一颗变了的心。

遭到深爱的人背叛，是一件痛苦的事情。在很长一段时间里，那痛苦将日夜折磨你，像一座过不去的火焰山。可是只要时间够久，你可能就会又找到自己的幸福，完全忘记这痛苦。当年的火焰山和今天的幸福比起来，完全是一个抬起脚来就能踩灭的微弱火星。

两夫妻闹离婚，男人有了外遇，不是逢场作戏的小打小闹，而是动了真感情，一定要和小三厮守终生。妻子百般挽留，晓之以理、动之以情，细数从前患难的点点滴滴，甚至拉上一双儿女，但终归是"痴心的脚步追不上变心的翅膀"。近十年的感情和一双儿女敌不过情人的一颦一笑，千娇百媚。妻子气不过，心想不能就这么让他们开开心心地过日子，为解心头之恨，她将男人和"小三"交往的种种细节通过电子邮件发给了每一位相识的朋友。

听到这里，我深刻地感受到一句话：爱之深，恨之切。因为曾经深深地爱过，并且坚信两个人能够如同婚礼上的誓言一般不论贫穷疾病永远相亲相爱下去，所以格外不能容忍对方的中途退场、改弦易辙。谁能够理解当你费尽心血终于打造出来的一个精品好男人，刚要停下来静静欣赏,却被别的女人看好并毫不留情地领走时的堵心窝火。像有的人特别会过日子,先把咸鸭蛋的蛋清吃掉,想留着美味的蛋黄最后享用,这时候走过来另一个人,抓起蛋黄就塞到嘴里,然后还问你为什么偏不爱吃蛋黄?你生气,还憋在心里说不出。所以一时情绪激动,或者有过激的行为都是可以理解的。但是情绪的发泄也要有个尺度,毕竟曾经有过那么多的美好时光,还有一点更重要的就是他是孩子的父亲,这是不可更改的事实。

婚姻是两个人的事,不是靠一个人勤奋努力就会得到一个美好的结果。在婚姻里面没有天道酬勤的事,不是像打扫卫生一样,越勤快家里越干净,相反有时候还过犹不及。

一个女人的婚姻,有时真的是和运气有关。

当你下定决心和一个男人共度一生的时候,你不仅要看他的学识、教养、性格,你还要看他的道德底线。透过他求婚时的甜言蜜语,看他是否能在他"大富大贵"而你已是"黄脸婆"时,依然爱你。这个需要孙悟空的"火眼金睛",练就"火眼金睛"是要付出代价的,必须在太上老君的炼丹炉里痛苦煎熬过九九八十一天,世上没有几个女人能修炼到这个境界。

因为女人没有孙悟空的火眼金睛,所以婚姻对我们来说,就是下一个赌注。我们赌男人的美好前程,也赌他的道德底线和责任感。

既然是赌博,就有输有赢。愿赌服输,怨天尤人也于事无补。

在他出轨的那一刻,他的心中也已经没有你和孩子了,所以对于这样的一个不在乎你的感受的人,你也没有必要在乎他。直接把他从你的心里开除掉,不要让他坏了你以后的好心情。

既然一切已经不可挽回,就为我们自己保存一点体面和自尊。拉着孩子转过身,这个情感上的坏男人咱不稀罕,淘汰吧!

你心里可能有数不尽的怨恨,恨不得千刀万剐了他。但是为了自己的小孩,你得忍。你爱自己的孩子吗?你舍得让你的小孩在怨恨中成长吗?如果你不舍得,那么就不要在孩子面前说他爸爸的半句坏话。你要告诉孩子爸爸的离开有他自己的道理,爸爸是个好男人,他还是爱我们的。有些女人不明白,他背叛了家庭,放弃了孩子,为什么我还要为他美言?在孩子心里有一个高大完美的父亲形象,有一个爱自己的父亲,总好过让孩子在怨恨中长大。

遭到深爱的人背叛,是一件痛苦的事情。在很长一段时间里,那痛苦将日夜折磨你,像一座过不去的火焰山。可是只要时间够久,你可能就会又找到自己的幸福,完全忘记这痛苦。当年的火焰山和今天的幸福比起来,完全是一个抬起脚就能踩得灭的微弱火星。

心理学上面讲,当一个人有了想倾诉的冲动的时候,他(她)往往最先想到的是自己最亲近的人,而当最亲近的人无法接受这一切的时候,他(她)就会转变目标,而这往往是婚姻或者感情出现裂痕的最早诱因。只要认真地反思回想一下,就会发现:其实很多时候,一个小细节,往往是最伤人的,而一旦事后不能主动沟通,为一方一味地忍让,就容易产生背叛。

两个人走到一起,必然有相互吸引之处,如果是因为无法磨合而分开的话,也就不存在着背叛了。但是现实生活中,往往就是因为一些琐碎的事情,使得原本和谐的夫妻或者恋人之间开始产生了裂痕。

失去一个不爱你的人,对你来说毫无损失。而对方失去了一个爱他的你,他是亏大了的。这么想你会释然吗?

要记得,永远不要为一个不值得的男人而放弃我们的底线,早一点离开他,或者是你人生的一件幸事。

遇到情感的背叛,不打、不闹、不上吊,转个身平心静气地过自己的生活。这个转身可能不华丽,但毕竟还有尊严。

第五节　疑似一夜情要离婚吗

在婚姻里,有的男人就像一个不懂事的小孩子,对什么都好奇,都有兴趣,尤其是围城外的世界,时不时地还会给你撒个小谎,闯个不大不小的祸。这个时候你的围城是否牢靠,就要看你的涵养、忍耐力和道行了!

一天晚上看到一个不太熟悉的朋友给我的留言,然后我看到她的空间有更新,里面的痛苦句子和那个粗线条的她很不相符,涉及"网聊"、"离婚"这些敏感的字眼。我知道我的朋友遇到情感上的问题了,便留言问她是不是有事情想和我谈? 过了一会儿,她和我说了她这几天的经历。几天前她无意中看到了老公的聊天记录,里面竟然有他和不同女人暧昧的聊天记录,在那些暧昧的文字之中,他还询问对方年龄、身高、体重,什么时间约会方便,甚至互留手机号码。当时她脑袋里忽然蹦出来一个词——一夜情!

朋友的情绪很激动,告诉我已经做好了离婚的准备,并且连孩子的归属她都想好了。我告诉她不要在冲动的情绪下做任何决定,然后我们约好第二天见面。

见面时,我知道她喜欢喝可乐,为了让她静下来,我还额外给她要了一杯冰块,但我知道这一纸杯的冰块也无法冷却她心头的熊熊烈火。结婚九年,她一直都百分百地相信自己老公,她懒、爱玩,有种种缺点,但是老公都容忍,他说这辈子就是为了让她欺负的。她的朋友也都以他们夫妻的和睦关系为目标,时常拿她的老公教育自己的老公,所以当她和自己的朋友讲述这件事情的时候,朋友的老公幸灾乐祸地说这次你的偶像倒塌了吧! 因为曾经那么相信自己的老公,所以在她看到那些聊天记录的时候她竟然有种天塌下来的感觉。

我问她确定老公真的一夜情了吗? 她说不确定,因为他好像没有那样的时间,而且他本人也否认。不过她马上又说白天很忙好像没有时

44

姿态,女人的幸福密码

间，但是要是夜里趁她熟睡后再出去一夜情也有可能的。我笑了，我说一夜情难道像彼此握个手那么容易的吗？好像她的猜测发生的可能性极小。然后我又问她近来有发现老公外表有明显变化吗？他有非常在乎自己形象的情况吗？有背着人接打电话吗？经济支出有明显增多吗？她说这些都没有。我告诉她可能她老公就是在网上聊着玩玩，因为她家的生意需要在网上接订单，所以老公在网上的时间非常多，所以她完全没有必要上升到离婚的高度。

　　她说既然没有"一夜情"，那为什么和不同的女人说那些话呢？我说是因为男人的好奇！可能他对"一夜情"本身很好奇，所以他和别人聊天的时候会涉及这些内容，但是你要是真的让他去"一夜情"，他又未必有胆量去做。她不理解这种好奇，认为完全没有必要。我笑着对她说，如果你的女友说她有《色·戒》的未删减版，你想不想看一下？是不是好奇梁朝伟和汤唯是什么尺度？她笑了，我说男人和女人一样，只不过男人没有女人的那么一份含蓄和矜持。几个女人在一起，聊着聊着就会说到老公、孩子、美容保养、娱乐八卦，甚至是"大姨妈"的天数，男人在一起说什么？开始说点事业、时事，最后话题几乎都落到女人身上。

　　男人和女人不同，不论他们多大年纪，在他们内心深处的某个地方，都生活着一个好奇的小男孩。

　　我劝我的朋友，他和你否认自己有过"一夜情"，有两个原因，一个是真的没有，还有一个是真的有，他在说谎。如果不幸是后者，那么他看到你这般大动干戈也怕了，否认在某种程度上也是一个积极改正的态度。

　　她说自己好像有了心魔，总觉得自己老公出轨了。我让她放下这件事情，权当没有发生，相信他一回，并且告诉他，就是这样的"暧昧"网聊自己也无法接受，希望他能够照顾一下自己的感受。如果他依旧没有收敛，甚至更过分，那时候再把他开除家籍也不迟呀！她笑了，说要谢我，我说你回去经营好孩子、经营好自己、经营好婚姻，就是对我最好的感谢了。

其实，我也不能确定她老公是不是真的"一夜情"了，但是没有确凿证据的事情，我们只有相信它没有发生。不论怎样，这是一个没有患病，但却已经有了患病症状的婚姻。

婚姻很漫长，在这漫长的路途上，溜个号儿、开个小差儿，或者思想上有点小动作，都在所难免。但是，我们不能够因为对方犯一次错误就把人家开除家籍，那样显得我们小气，也太过草率。

好像一个人生了急性阑尾炎，肚子疼得不得了，我们不会直接让他去死吧，还是要让医生给他及时治疗。婚姻也如此，一段婚姻产生了问题，我们要积极地对这个问题采取补救措施，而不是选择离婚一了百了。离婚终究是没有办法的下下策，如果谁都能有让失败婚姻变美满的技巧和手段，也就不会有那么多的离婚案例了。尤其是有孩子的家庭，不到万不得已，不要动离婚的念头。面对这样的事情，你可以"挥挥手，不带走一片云彩"地离开这段婚姻，可是你有没有想过，谁赋予了你权利让孩子每天见不到自己的爸爸？

的确，人生一次，谁都想尽兴、自在地活一回，可是为人母，很多时候，我们要适当地忍。把有点小毛病的男人从我们身边推开不是什么本事。如果你能够把一个有毛病的男人脱胎换骨变成一个好男人，那才是大本事呢！

疑似"一夜情"不是出轨，可以原谅。但绝不能掉以轻心，因为从对"一夜情"好奇，筹备"一夜情"，到真的"一夜情"，或者只有一步之遥。

第六节　前妻是个可怕的动物吗

两个有过婚史的人又再婚走到了一起，失败的婚姻经历和不同的生活习惯,都会成为再婚后幸福生活的障碍。尤其是各自的前妻或前夫,更是一个非常尴尬的角色。

　　一位朋友再婚,再婚对象我们也熟悉,是一个很老实厚道的男子,也有自己的事业,比我朋友大三四岁,因为性格不合而离婚,一个孩子由前妻抚养。大家都觉得朋友遇到这样的再婚对象不容易,几乎相当于没有负担,而且当时离婚是她老公的前妻提出来的,所以前妻和他藕断丝连、窥视朋友家庭的机会相对小了很多。两年后朋友怀孕,添了一个爱情的结晶。我们都为她高兴,快奔四的人了有个孩子多么不容易。没想到朋友这边在手术台上剖腹产正生着孩子呢,她老公的前妻就把他们的孩子给送了回来,理由是自己工作忙没时间带孩子了,让孩子他爸带一段时间。其实谁心里都明白,就是怎么忙也不会在我朋友生孩子的当口就突然忙了起来? 事情明摆着的,要给我朋友添堵呀! 后来没有办法,我朋友匆匆出院,她老公是一边照顾她们娘俩,一边还得接送大点的孩子上学放学,辅导功课。我朋友这月子坐的可想而知!

　　大家都觉得在这个节骨眼上,把孩子送回来,她老公的前妻有些过分,可是孩子毕竟是她老公亲生的,也不好推托吧?

　　后来孩子是接走了,但她老公常常深夜接到前妻的电话,谈孩子的学习情况,有时候是孩子生病,她老公风里雨里地赶过去后,看到孩子已经安然无恙地睡着了。朋友说要不就把孩子的监护权争取过来,他们自己带,免得总是这么折腾,可是他前妻还不肯。还有更让朋友抓狂的,他的前妻在朋友面前依然叫她老公为"老公",让她很是不自在,几次和她老公说让他前妻改口的事,她老公也是一脸无可奈何的表情,她心里就恨:这家伙是不是很得意呀,当自己有两个老婆呢?

　　朋友后来说,自己简直都要落下病根了,一听到老公接他前妻的电话,自己就莫名地紧张,因为不知道她又会弄出什么幺蛾子来。!

　　其实,他前妻也是一个受过高等教育的人,通情达理、豁达干练,事业也是顺风顺水,绝不是一个胡搅蛮缠、不讲理的女人。她的做法似乎也不过分,只不过让现任妻子在心理上有些无法接受。

说到底前妻是一个很尴尬的角色,在法律上来讲和这个男人没有任何关系,形同路人。但是在感情上来讲,毕竟和这个男人曾经有过一段共同生活的经历,喜也好、气也好,都是彼此那一段人生的见证,这是谁也无法抹去的事实。

所以即便不再是夫妻,在情感上有所依赖,或者是短时间内无法在从前熟悉的婚姻模式中完全走出来,也是可以理解的。尤其是还有孩子,只要有小孩子,两个离婚的人就不可能断得干脆利落,这个孩子让两个人会一生联系在一起,当然这种联系和法律无关,而和亲情有关。

说前妻角色尴尬,想想我朋友也有她的前老公,何尝不尴尬呢?

朋友后来只要老公提到他前妻,就很气恼,看着他前妻就像见到不共戴天的敌人一样,弄得自己很紧张,情绪也很糟糕。

我劝我朋友,既来之则安之,不要阻止老公去和前妻解决孩子的问题,如果你能帮忙,你就帮,如果你帮不上,那么也不要在一旁生闷气。如果他前妻足够好,他不会选择和你再重组家庭,所以你老公对你的爱是毋庸置疑的。他有前妻,这是一个不能更改的事实,何况他们还有一个小孩。既然你已经决定和这个男人共度一生,那么就要勇敢地面对并且接受这个现实。这个男人在你面前,但是他不只属于你一个人。因为你是和一个带着婚史的男人结婚,所以你要接纳并放下他的这段历史。而且这个男人要是对他的前妻冷若冰霜,对自己和前妻生的小孩不管不问,那么他还是一个好爸爸吗? 他恐怕都算不上是一个好人了吧? 如果是这样一个没有责任感的坏男人,你还爱吗?

理解他的前妻吧,她现在单身一人带着孩子,看着前夫幸福再婚了,心理上不能接受是可以理解的,等到她找到了属于自己的那一份幸福后,你让她来打扰她都未必肯呢! 既然你现在很幸福,那就不必计较别人羡慕嫉妒你的幸福才好呀!

羡慕和嫉妒是别人的自由，我们没有权利剥夺。

我和朋友开个玩笑，他的前妻不可怕，如果你不好好调整自己的情绪，整天消极挑剔地对待自己的老公，弄不好会有一天把自己也变成前妻了！

婚姻是美好的，营造一份健康的婚姻关系，需要我们用女性的柔韧与智慧来帮助自己。当你嫁给这个男人时，你接受了他，同时也接受了他的历史。可以说，他的历史是和他这个人同时存在的。如果你一味地纠结于这些"历史问题"，为了这些不可改变的从前而把这个家里的空气弄得异常紧张，谁损失得更多呢？

只有让这个男人在和你相处的时候感到开心和愉悦，他才会觉得自己的选择是对的，越来越离不开你。

至于他的前妻的做法也是可以理解的，无非是自己失去的，别人也休想得到。其实，当初放弃的人是她自己，她只不过现在感情空白寂寞而已。但这样的时候也会过去的，要有耐心，也要有信心。

第七节　为什么海藻会背叛，而毛豆豆不会

女人可以塑造男人，同时男人也可以塑造女人。这一生你遇到什么样的男人，将会改变你未来的人生走向。

所以要慎重选择与你共度一生的那一个男人。

看过《媳妇的美好时代》后，因为主演都是海清，所以不由自主地联想到《蜗居》。相似的是里面都有第三者插足的情节，但却是截然不同的两种结局。

《蜗居》中的第三者宋思明，有钱有地位，当然也有老婆孩子。而

《媳妇的美好时代》里的第三者李若秋也一样有钱,还没有成家,是个标准的钻石王老五,还有一点,他还是毛豆豆的初恋情人,可以说在情感上他有着得天独厚的优势。所以从各个角度上来看,作为第三者,《媳妇的美好时代》里的第三者李若秋好像都更胜一筹,但是毛豆豆却并没有像海藻那样扑向李若秋,反而非常坚定地过自己平常又琐碎甚至闹心的小日子。

当然这里有海藻和毛豆豆的道德修养的因素,但是第二者小贝和余味也是造成这种不同结局的间接原因。

我们可以比较一下余味和小贝的种种不同。

在对待金钱的态度方面,余味和小贝截然不同。很多人都说海藻之所以投入宋思明怀抱的导火索是因为小贝不愿意拿出积攒的六万元钱为姐姐海萍偿还因买房而借的高利贷。小贝的观点是海萍夫妇根本不具备在这个城市买房的能力,却为了虚荣而借钱买房,所以他不会为海萍的虚荣买单。有人说宋思明不是真的爱海藻,只不过是舍得为她花钱。有一句话说得好,一个肯为你花钱的男人未必真的爱你,但是真的爱你的男人一定肯为你花钱。在六万块钱上,我们看出了小贝的自私。他的爱只是表现在不用花钱的甜言蜜语上,没有任何花费的亲昵上面。一旦涉及了真金白银,他平时嘴里说的那种可以"肝脑涂地"、"上刀山下火海"的爱就冷静了下来。不论海藻说了多少"革命家史",甚至苦苦哀求,他都异常理智、无动于衷。

我们再来看看《媳妇的美好时代》里面的余味。在他的小舅子毛峰捅了那么大一个娄子后,在别人都对毛峰指责痛斥时,他在不断地安慰着周围所有人。同时,忍痛割爱,他做出了转让摄影工作室的决定。要知道这个工作室是余味的事业,是他一手打造饱含心血的所在。然后他拿出转让工作室的二十八万元为毛峰分别还清了债务,避免了岳父家的大房换小房。如果余味不这么做,谁也说不出他不好来,因为这一切都

姿态,女人的幸福密码

是毛峰应该承担的,和余味毫无关系。但是余味这么做了,毛豆豆在心里对余味除了爱还多了一份敬重与感激,她觉得他是一个值得托付的男人。

面对这样一个情深义重的男人,作为女人谁又舍得转身离开呢?

海藻和毛豆豆面对的不是简单的金钱危机,而是生活中的困难。在你面对困难时,你期望身边的男人是像小贝那样站在一旁冷静旁观、理智分析,还是像余味那样冲到你的前面为你遮风挡雨呢?

一个人的爱,只有在经历考验的时候方能显现。生活不仅需要甜言蜜语,更需要的是发自内心的疼爱与珍惜。

在对待女友家人的态度上,余味更为对方着想。在遇到问题的时候,小贝的态度是海萍和他们的生活没有任何关系,各过各的日子。而余味则不同,在毛豆豆的弟弟毛峰准备结婚的时候,余味将自己的家装饰一新,墙上挂着人家的大幅婚纱照,为人家准备新房。而自己却要住到工作室里那个六平方米的小房间里。余味觉得妻子家的事就是自己家的事,无论发生什么事,余味都会大事化小,小事化了,让毛豆豆可以简简单单地生活。

在对待情敌的态度上,余味显得更自信、更男人。在小贝发现海藻的背叛后,在雨中奔跑,彻夜不归。在决定原谅海藻重新开始后,又不断地给对方身体和心理上的双重折磨。在折磨对方的同时也在折磨自己,在这个怪圈中徘徊,无法摆脱。而余味则不同,他在和毛豆豆吵架后,来到毛豆豆家楼下接她回家,却意外地发现豆豆上了情敌李若秋的车。余味没有选择一个人胡思乱想,也没有雨夜狂奔,相反跑到岳母家默默地做家务。即便是面对面地和这个强悍的情敌交锋,余味也表现出了自信男人的一面。在李若秋一番得意洋洋的炫富之后,余味告诉他我们享受着我们自己的生活乐趣,一起下班,一起到菜市场,一起做饭……她病了,我在床边一直陪着她。你行吗?我们通过自己的努力,今天存钱可以买个车轮、明天存钱可以买方向盘,再存钱就买辆 QQ 了。我给豆豆的这种快乐,你一辈子也给不了!

余味的这份自信为他赢得了很多分数,自信与大度也抚慰了毛豆豆那颗伤痕累累的心。

和余味比起来,小贝就是一个没有长大的孩子,而余味从小父母离异,不是一个在顺境中长大的孩子。本来就有一个神经兮兮的妈妈,后来妹妹又遭遇生活不幸。因为经历过苦难,余味更懂得感情,也更知道生活的真谛。可以这样说,对于一个男孩,困难真的是一笔财富。余味经历的这一切是身为家中独子并一直身处顺境的小贝无法体会的。面对同一个问题,每个人都从不同的角度看待。小贝的经历决定了他处理问题的方式。当然小贝也没有错,但是和余味这样的人生活才更舒心舒畅。

小贝是一个没有长大的孩子,而余味则是承载了很多的一个成熟男人。

小贝和余味都无所谓对错,却改变了身边女人的一生。

第八节　孩子能挽救婚姻吗

都说孩子是爱情的结晶,在很多人眼里一个两口之家有了孩子才是真正的完满。孩子是天使,是夫妻之间感情的纽带,两个人之间的很多问题因为有了孩子而变得简单。其实未必如此,孩子的确是美好、柔软的天使,但在有些家庭里,孩子并不是解决问题的那把万能钥匙,甚至还有可能是问题的根源。

A 最近又闹着要离婚了。这两年里,我就听过她狠狠地说过不下五次,结果都是不了了之。

　　A在一家大型国企工作,整天的工作状态都是小跑着的,非常辛苦。她老公原来在一家企业工作,后来辞职下海,结果赔得一塌糊涂。不仅将家底赔了进去,附带还将从岳父母那里借来的十几万元也弄得一干二净。A想这样他就会放弃发大财的梦想,安安分分地找一份工作来做吧!谁知道他是大钱赚不了,小钱又不想赚。亲戚朋友给他介绍的工作,他总是以这样那样的借口推掉。整天在家里打网络游戏,在网上看小说。A看他总是待在家里,心情难免不愉快,夫妻俩常常在言语上发生争执。一年后A怀孕了,就目前的境地,她想放弃这个小孩。她的妈妈劝她生下孩子,期盼着有了孩子,他体会到为人父母的责任,或许就能够踏踏实实地工作了。愿望是美好的,在A漫长的孕期里,他没有一点的改变。不仅不出去赚钱养家,也不做家务,甚至他以出去找工作为由,一连几个晚上彻夜不归。临近预产期的时候,A还要蹲在地上把地板擦得干干净净,然后将自己和孩子的衣服、被子准备好,独自去住院。

　　孩子出生后,他还是如此。亲属给他介绍了一份相对轻闲的工作,干了一段时间,就被公司辞退了。原因是他常常在上班时间溜出去上网吧,有几次发工资的时候都见不到人影。后来干脆就待在家里,美其名曰在网上寻找工作的机会。A的产假过后要去上班,雇了一个家政嫂看小孩。A和她老公说干脆不要找工作了,由他在家带小孩,这样家政嫂的这份开支就省掉了。没想到她老公不同意,说目前依旧以找工作为主,出去找工作怎么能带上小孩呢?

　　后来孩子慢慢长大,处处都需要钱,而他依然小钱不愿意赚,大钱又没有能力赚。

　　看着哭闹的孩子,再看看无所事事的他,A第一次动了离婚的念头。

　　她先和父母谈了,老人说一个女人带孩子不容易,谁家的日子都是将就着过的,哪里有十全十美的婚姻,不论怎么说他还都是孩子的爸爸呀。于是,A的这个离婚的念头就被压了下来。

　　A和他谈过多次要他出去找一份工作,他都不肯。可能A的语气不好,把他激怒了,说有一天他赚了大钱,就用钱"砸死"她!

面对这样一个男人,一个父亲,哪一个女人能够始终心平气和呢?

每次 A 提过离婚后,这个男人都非常诚恳地表示要努力工作,好好过日子。并且真的像模像样地出去找工作了,可是过不了多久,便又和从前一个样子,不工作、不赚钱、不做家务、不带小孩。别人提醒 A 他这样整天赖在网上难道只是在玩网游吗? A 说倒是希望他能有其他情感状况,这样大家就都解脱了。

因为离婚的事,A 去咨询律师。后来律师和我在电话里说:"A 好奇怪呀! 每一个来咨询离婚案件的女士不是泪流满面的控诉老公的不是,就是处心积虑地要多分财产,而 A 却异常平静,平静得可怕。"

我明白了,A 的平静源于心死,因为她对他已经没有一点感情,所以在说起自己的婚姻才能够心平气和,好像在说别人的事情。

后来 A 带着孩子离开了家,她希望大家都能够平静地思考一下。在这段独处的生活中,A 相信自己有独自带好孩子的能力,坚定了离开这个男人的决心。

一个月过后,这个男人找上门来,再一次表示痛改前非。A 已经听腻了他的决心,表示这次一定要分手。可是在男人离开的一刹那,孩子蹒跚地走出来叫"爸爸",伸出双臂要爸爸抱!

A 哭了,她说她能独自带好小孩,但是她也不能剥夺孩子有爸爸的生活。就这样,A 又回去了。

生活中什么样的人都会有,有些时候只是我们没有遇到。

这个孩子,看似挽救了 A 的婚姻,他成了爸爸妈妈之间的纽带。但是这种不和谐的婚姻,会对孩子的心灵产生什么样的影响呢? 我不能预知,只希望他能够拥有一个幸福快乐健康的童年。

A 很爱自己的孩子,想给孩子一个完整的家,所以看在孩子的面子上一次又一次地忍让着自己的老公。可是,她有没有想过,这样的一个不负责任的父亲会给孩子的成长造成什么样的影响呢? 我们都知道"孟母择邻"的故事,孟母为了给孟子一个好的成长环境,不怕劳顿,三次搬家。现在的父母给孩子选择好的幼儿园、好的小学,就是为了给孩子一个好的学习和成长环境,可是为什么没有考虑到家庭环境这个最重要的因素呢?

A遇到这样一个男人已经很倒霉很无奈了,如果在她老公的耳濡目染下,她的儿子也重蹈爸爸的覆辙,变成了他的一个翻版,那么A的一生又为了什么呢?

为了孩子委曲求全保全家庭,然而这样的"完整"家庭又能给孩子什么呢?

很多婚姻都是形式上的完整,未必有着真正完整的内容

孩子在中国人的婚姻里有着最为重要的地位,因为按照中国人的传统观念,传宗接代生儿育女恐怕是中国人的婚姻最主要的目的。即便"不孝有三,无后为大"早就被扔进了历史的垃圾堆,"时代不同了,男女都一样"的观点早就得到了普遍认同,明显背离婚姻实质的婚姻如果再缺少了孩子这条"纽带",还能靠什么来维系?这样没有感情的婚姻又会对孩子的心灵造成什么样的影响呢?

第九节　幸福是用女人的忍耐换来的吗

有一次听朋友说起一个姐姐的故事,很是感慨。

这位姐姐四十几岁,非常干练。算来她也是女强人了,几乎是一个人赚钱养着四口之家。

姐姐原来是政府机关的公务员,因为爱情,也因为老公家里有很强的传宗接代思想,姐姐生了第二个孩子,同时也因此失去了工作。没有办法,开始练习做生意。开始时是小本生意,就是靠着起早贪黑吃辛苦赚钱。日子稍微好一点,老公竟然有外遇了。无论姐姐怎么劝,就是天天不回家。姐姐说她每天背着老二去接送老大上小学,回来的时候手里还得拎着为晚饭准备的菜。她说好多次自己都没有力气爬上七楼了,如

果遇到邻居,就会帮她拎着菜或者帮她抱小孩。朋友问她有没有动过离婚的念头?她笑着说想过,但这一双儿女怎么办呢?如果离了婚,一个跟着爸,一个跟着妈,生生地分开了。自己哪一个都舍不得,还不是要都争取过来监护权,那和不离婚又有什么分别呢?后来姐姐的老父亲,一个曾经的老领导,知道了姐姐的情况,没有责骂女婿一句,只是默默地过来帮助女儿接送孩子做家务。日子久了,姐姐的老公回家了,进屋就哭了,因为当年在职场上叱咤风云的岳父为自己的家里付出这么多,而没有责问自己一句而羞愧,也因为离开这么久,这么一大家子人都好好的、完整的等着他回来而感动。

后来姐姐的生意越做越大,家庭也越来越富足。当年老公有外遇这件事,就像一页书,云淡风清地翻了过去。现在我们看到的姐姐的家庭,儿女双全,孩子都受到了好的教育,夫妻平等和谐,非常美满。

姐姐终于是"守得云开见月明"了!

朋友问姐姐当年不生气吗?她说怎么能不生气!要不是为了生老二,自己能失去公职吗?但是即便生气也不能随便离婚呀,毕竟孩子们有个完整的家,对他们的心理成长有好处,爸爸虽然不回家,但还有一个爸爸。而且只有父母关系和谐,孩子才可以安心地学习。所以,她不能因为老公不争气、看他不顺眼而剥夺孩子们享受和谐家庭氛围的权利。如果当时她为了顾及自己的感受而选择了离婚,她的孩子们就成了单亲家庭的小孩,对他们的性格发育一定会有影响,同时也直接影响他们的学习成绩。所以现在她很欣慰,因为自己那些年的忍耐和付出换来了完整的家庭,最重要的是给了孩子们健康的心态和一个比较好的前程。

忽然我在心里有了一个假设,如果这个故事里面的男女互换一下,会如何

如果姐姐家里传统思想严重,她的老公会为了她失去公职吗?

如果发生外遇的是姐姐,那么她的老公会像姐姐一样无怨无悔地悉心照顾一双儿女吗?

如果天天不回家的是姐姐,她的公婆会无怨无悔地帮助儿子照顾小孩吗?

如果发生情感错误的是姐姐,她的老公会为了儿女重新接纳她吗?

即便这位老公"忍辱负重"都能做到,那么到了今天,如果他像姐姐这样成为了女强人,会不会旧事重提,嫌弃了姐姐当年的背叛,这个恐怕也很难说吧?

一个家庭,谁更在乎孩子一些,谁就要忍耐得更多些。

一桩婚姻,谁更在乎对方一些,谁的头就要更低些。

而最最在乎的那一方,通常都是女人。

生活中和影视剧里,我们常看到女人容忍了男人的年少轻狂,中年放纵,终于在男人年老时,玩不动了,收心了,女人依旧敞开怀抱接纳他,然后两个人携手走过夕阳。

如果是男人呢?试问,有几个男人有这份耐心和胸襟,容忍女人"五湖四海都游遍,却没有一丝埋怨"?

书上说:爱是恒久忍耐。这份忍耐,多来自于女人。

生为女人,要做好女人,就要更多地丰富自己,让自己有坚强的翅膀可以飞得很高、很远。同时,又要有淡定宽容的心灵,懂得忍耐、懂得容纳。

问一下自己,你离好女人有多远?

今天的这位姐姐事业有成,家庭幸福,她的老公对她非常呵护和疼爱,和年轻时候的他判若两人。看来婚姻真的是需要忍耐的,如果有爱,那份忍耐就不是忍耐,而是包容和尊重,当然,这份包容和尊重应该付给对的那个人。

歌里唱到"好男人不会让心爱的女人受一点点伤,绝不会像阵风东飘西荡在温柔里流浪",好男人是这样子的,试问生活中能够有几个男人做得到呢?

第十节　后妈其实不好当

几乎在所有孩子接触到的童话作品里,后妈无一例外都是贪婪凶狠甚至邪恶的角色。《白雪公主》里的后妈为了成为世界上最美丽的女人,骗白雪公主吃下毒苹果;《灰姑娘》里的后妈为了偏爱自己的三个女儿,让天生丽质的灰姑娘每天做着粗笨的家务。现实中的后妈又是什么样子呢?

前段时间听说这样一件事。一位单身父亲再婚,他选择的对象是女儿的钢琴老师。因为离异后他尝试过和几个女生交往,但是女儿都不满意。后来他发现女儿特别喜欢她的钢琴老师,于是尝试和钢琴老师发展感情,终于抱得美人归。他觉得这个继母是他的女儿喜欢的,所以一定不会像其他重组家庭一样闹得纷纷扰扰。可是后来发生的一切都远离他的期望。一次聚会回来后,他的小妻子向他哭诉他的女儿让她丢尽了人。原来他女儿偷着把继母一件晚礼服的腰部位置弄得开了线,她穿上时没有发现,在聚会上礼服的腰部向下慢慢裂开了一条大口子……他很不能理解女儿之前一直和钢琴老师相处愉快,也喜欢和她说心里话,为什么成为她的继母后,就从知心姐姐变成了不共戴天的敌人了呢?

答案其实很简单,在女孩的心里,钢琴老师从一个可以倾听心事的外人变成了一个想取代自己亲生母亲位置,甚至还要和自己分享爸爸的家庭入侵者。做钢琴教师的时候,她站在女孩的旁边,手挽着手,亲密耳语,等到做了女孩的继母,她就走到了女孩的对立面,站到了女孩爸爸的旁边,挽起了他的胳膊,耳鬓厮磨。

这个转变,让女孩难以适应。同时,作为继母的她也非常困惑痛苦。

前段时间央视热播的《幸福来敲门》讲述了一个叫江路的未婚女子选择和一个有一双儿女和一位岳母的男人组成家庭,如何从被家人敌视、误解,到她用自己的智慧和爱心打动老人和一对姐弟,最终得到了属于自己的幸福日子的故事。

几乎在所有的小孩眼里,继母就是白雪公主的后妈,灰姑娘的后妈,自私、阴险、工于心计。江路虽然没有做过母亲,但是她是一个极为聪明又有韧性的女人。

做妈妈很难,做一个没有血缘关系的继母就是难于上青天了。但是剧中的江路做到了,她用自己的智慧和爱让这个本来残缺的家庭在废墟中开出了美丽的花朵。

做继母要有一颗溢满爱的心。江路没有做过母亲,这对姐弟也不是她十月怀胎带到人世来的,没有那种血缘带来的亲密无间。江路放弃了很多,只为尽心尽力照顾他们的生活和学习。她从开始不会做饭,到一个标准的家庭主妇。虽然孩子叫她“江路阿姨”,但在她心里已经把孩子当做自己亲生的小孩了。一个妈妈能为孩子做的,她都无可挑剔地做到了,而且她只是在做,没有“以物换物”地要求孩子们的回报。江路所做的一切,孩子们都看在眼里,还是那句老话:人心都是肉长的。只要你爱人,总有一天会得到别人的爱。那一晚隽隽回家很自然的一声“妈”,让江路站在门旁久久感动,热泪盈眶。

做继母要有一颗智慧的心。大家都说最好的继母就是把孩子“视如己出”,这话说着容易,做着难。即便你做到了,即便你当他们是自己生的小孩,但是你毕竟不是他们的亲生妈妈。亲妈打一巴掌、骂一顿什么事也没有,如果是继母做起来那就是轩然大波。江路做着亲妈做的事情,但也适当地给自己和孩子之间留有空间。这份空间让彼此都很自在,也能够相处融洽。很多继母当初都很爱孩子,但最后却弄得非常伤心。虽然她们想爱孩子,但是却没有爱孩子的好方法。江路为宋隽制订减肥食谱,想办法让宋征远离那些不良少年。这些都需要智慧和心思。

这些不是所有的继母都能够做到,爱是一种想法和愿望,懂得爱的方法却是一门艺术,只有用心才能掌握并运用。

做继母要有一颗坚韧的心。和所有的继母一样,开始的时候,这对姐弟心里就被灌输了后妈都不是好人,所以面对她是又怕又敌视。对于这些困难,江路有一定的思想准备。所以,在这些困难排山倒海地发生的时候,江路一如既往没有退缩,不论家人对她如何不解、冷漠,她都尽力做好自己的本分,毫无怨言。即便在后来和老公的感情出现问题,甚至动了离婚的念头之后,她也没有不负责任地转身离去。而是每天做得和平常一样,在目送宋征参加高考后,自己收拾东西淡然离开。能做到这样是因为江路的责任和修养,更因为她内心有那么一份坚韧。

不是所有的女人只要努力都能够做好继母,一个名人说过只有极为优秀的女人才能胜任继母这一角色。所以,继母是一份艰难的职业,费力、辛苦,却没有一点薪水。

很多人连亲妈都做不成功,更别提做继母了。不过如果能够拥有剧中江路的爱、智慧和坚韧,就是一块石头也被焐热了。何况,他们不是石头,而是有血有肉、活泼可爱的小孩子。

在重组家庭中,孩子认为继母取代了自己的亲生母亲,心理上难免会有些不平衡,而将继母作为"闯入自己生活的陌生人",时刻警惕,有些孩子甚至会到处找继母的毛病,并刻意在家人面前"煽风点火"。在孩子的心里,自己妈妈的地位是没有人可以取代的,对继母"抢走"爸爸也有仇恨。但是继母不要害怕,要理解孩子,孩子只是需要更长的时间来理清自己的思绪。对待这样的孩子,你需要宽容、大度,可以通过聊天的方式,改变孩子对自己的看法,在与孩子聊天的过程中,尽量多听孩子的言论,因为孩子只是想对人倾诉自己的想法,成为孩子的倾听者,就会渐渐地改变你在孩子心中的地位。

第十一节 男人到底有没有生育权

一谈到生育权，人们都习惯将目光投向女性，这其中，流产和避孕一直被认为是女性可以自主选择的权利。但是，让男人们感到郁闷的是，作为这件事上的另一方，他们却好像连一点说话的权利都没有。但是现在越来越多的男性认为，女性可以选择流产和避孕不要孩子，他们同样可以选择在避孕失败或者自己未有准备时，不要孩子，所以两个人就在孩子是不是该要的问题上无法达成一致。

有的家庭是男人想当爸爸，但是女人想要青春消逝得晚一点，苗条身材保持得好一点，所以不想早早要孩子。也有的家庭是女人想当妈妈，担心因为随着年龄增长，已经错过了最佳生育年纪，所以想趁着自己身体还允许的时候抓紧时间生一个小孩。而男人又觉得二人世界挺好，不想早早被孩子拴住身子，挑上为人父母的重担。

两个成长环境不同的人，对待问题有不同的看法很正常，小事情谁做主也无所谓，但是关乎小孩，似乎是性命攸关了。

一天，一个三十多岁的已婚女人述说自己的烦心事。她和老公最近有了一些矛盾，原因是她觉得自己年纪不小了，看着身边的朋友一个个都当了妈妈，聚在一起都是大谈妈妈经。她心里焦急，也想生一个小孩。于是她和老公谈了自己的想法，可是她老公觉得自己处于创业阶段，想把精力都放在事业上，暂时还不想有个孩子被拖累。于是她很苦恼，她觉得即便自己现在生小孩都属于高龄产妇了，再过几年能不能生真是不敢想。老公现在不想要孩子，万一过几年他改变想法了，不想继续丁克，如果自己年纪大了生不出来怎么办？可是如果自己不顾老公反对，坚持要生一个孩子，万一孩子生出来后，老公不愿意管怎么办？自己有独自抚养小孩的能力吗？真是想也不敢想。她生了小孩以后，会不会老公的父爱被激发出来，然后回心转意地喜欢上小孩？

我说未必那么乐观。因为男人和女人不一样，女人对于孩子不论十月怀胎多么难熬,一朝分娩多么痛苦,在她看到孩子的那一刻都会深深地爱上他,并且会不惜一切代价地保护他。而男人不同,很多爸爸不会像妈妈那样的瞬间就会爱上孩子,甚至有的男人还会被孩子的啼哭、疾病弄得心烦意乱、摔门而走,即便这个孩子是他的亲生骨肉。我认识一个男人,起初夫妻感情尚可,但他不想要孩子,他觉得目前的二人世界就是他追求的理想生活。但是妻子坚持要生孩子,有了孩子以后,几乎所有的家务都是他妻子来做,他眼睛里什么活都没有,必须由他妻子安排任务才很不情愿地去完成。在他心里,有孩子总是负担,而且是甜蜜生活的负担。因为这个孩子打扰了他的清净生活,占用他的大量精力,甚至他还抱怨这个孩子让他的生活水准直线下降。

记得前几年媒体报道一个男子因为妻子怀孕后背着自己去做人流手术而向社会呼吁:是不是女人单方面就可以决定孩子的去留?男人到底有没有生育权?我的这位朋友看了这篇报道后,很无奈地说了句:我不关心这个,我想知道的是男人到底有没有不要孩子的权利?

是呀,生与不生女人都能说了算,那么男人到底有没有权利决定要与不要呢?

按理说孩子不是女人一个人的,女人一个人也生不出孩子来,所以既然有爸爸的一半"功劳",那么孩子的去留爸爸也有参与决定的权利。也就是说男人应该有生育权,那么既然爸爸有选择留下孩子的权利,是不是也应该有拒绝要孩子的权利呢?

有的女人说,如果男人不想要孩子,那么就管住自己,在源头上遏制住好了。男人说了,都是成年人,两厢情愿的事,而且夫妻之间发生关系不能够仅仅是制造生命这一个目的吧?

忽然发现,人生在世有那么多的事情都是两难的选择。

生一个孩子,是夫妻两个人的事,最好要双方在达成一致后,有父母的期待和关注,新的生命才能够信心满满、兴致勃勃地来到这个世界上。

姿态,女人的幸福密码

如果夫妻意见不统一，不要说孩子出生后他能不能倾尽全力地去喜欢和照顾，就是漫长的二百多天孕期对于他来说，恐怕都是一个难以逾越的坎儿！

我问这个朋友，和老公的关系如何？她回答说还不错。我建议她和老公推心置腹谈一谈，陈述利弊，尽量让他将孩子纳入到他的人生计划中来。

真心希望她的老公能够改变主意，满足她想成为一个母亲的心愿。但是谁都有自己的想法，即便是夫妻，也会有很多不同的地方。

我们清楚，每个人的生活态度都不一样，有的人喜欢小孩，甚至心甘情愿地成为"孩奴"，为了孩子可以赴汤蹈火在所不辞。但也有那么一类人，他们能够在事业中得到满足，追求品质生活，愿意在有限的生命中最大限度地享受生活。

两种生活态度，没有对与错。

这个社会总要有人生小孩，去完成人类繁衍的历史任务，但也有那么一类人，放弃了自己的老婆孩子热炕头，去为社会做一些大事情。

所以，那些妈妈们应该心怀感激，你们的老公愿意和你拥有一个爱情的结晶，让你有机会成为一个幸福的母亲。

每个家庭的生活都有很多的不同，有时候在你家认为是理所当然的事情放在别人家或许要费尽口舌、大动干戈。

第十二节　珍惜眼前人

现今的社会，离婚不再是一个小概率事情，但是离婚总还是人生的一个失败。婚姻是人生的一部分，婚姻的失败，多多少少会影响到一个人的生活质量，严重的甚至会影响到身边的其他人。所以，女人要慎重做结婚的决定，更要慎重选择与你共度一生的那个人。

大多数的适龄女人都会因为各种原因走进婚姻。有的是看别人结婚了，自己不甘心变成"剩女"，天天听爸爸妈妈唠叨，无可奈何地走进婚姻；有的是因为遇到了自己真的想共度一生的一个爱人，不想放弃，所以兴高采烈地走进婚姻；也有的是年轻的时候不懂爱情，糊里糊涂地遇到求婚，又觉得年龄差不多了，就走进婚姻。不论大家是因为什么原因，最终依旧是殊途同归，成了围城中的人。而真正走进围城之后，又发生了什么，其中阴晴如何，冷暖几许，只有当事人自己才清楚。

我妈妈对我说过一句话，现在想来其实很有道理。她说，一个女人在结婚前要睁大了眼睛去选择和你结婚的那一个男人，而结了婚之后，对于生活中的种种不尽如人意，只要不是品质上的问题，就睁一只眼闭一只眼地面对好了。有的女人因为不能接受老公的生活习惯、卫生习惯，对方又"屡教不改"，久而久之，越看越不顺眼了。其实哪里有完全依照我们的要求而成长的男人呢？即便是我们自己生养的，从我们身体里出来，在我们身边长大的小孩，也未必都能事事如我们所愿吧？或者说真的有那么一个完全依照我们的标准而生的男人，那么世界这么大，我们在合适的年龄和他相遇，与其相爱，并且顺利地走进婚姻的殿堂，这个几率，会不会比中了大奖还要低呢？

所以，能够在茫茫人海相遇，并且生活在同一屋檐下，本来就是一个小概率事件，所以我们要善待自己的婚姻，学会宽容和珍惜眼前人。

婚姻就像是一条大船，在茫茫的大海中航行。顺利的话，会毫无波折到达彼岸，也有可能不顺利，遇到暴风骤雨，甚至冰川暗礁。如果你是一个经验丰富并且有耐心的舵手，你会挽救你的婚姻之船于危难之中。还有一种可能，本来没有恶劣天气，而你却是一个毫无经验的舵手，因为你的心态和技术问题，导致婚姻之船沉入海底，无影无踪。

大多数人在婚姻之中都是新舵手，没有多少个是有过多次婚姻经历、经验丰富的老舵手，所以在婚姻中边经营边学习，是非常必要的。

　　在婚姻遇到问题的时候，我们不要急于去责备对方，将对方说得一无是处，那样对我们没有一丝好处，除了证明我们当年很傻、有眼无珠以外，于事无补。

　　首先我们先要检讨自己身上的毛病，然后再去和对方探讨我们之间的矛盾。分析我们的婚姻为什么会发生问题，问题的原因到底在哪里？然后根据这些原因去制订具体的、有针对性的解决方案。在方案制订之后，需要双方共同执行。

　　婚姻遇到问题，是再正常不过的事情，所以我们要用积极的心态去面对有问题的婚姻。当婚姻发生问题时，我们不要惧怕，要勇敢面对，不逃避。将"患病"的婚姻治疗成"健康"的婚姻，我们要做一名婚姻中技艺精湛的医生。

　　珍惜你手里的婚姻，珍惜眼前人。

　　爱意味着彼此尊重。尊重一个人，就是尊重他的思想和价值观念，当然也包括他身边的人。愿意和他（她）一起成长，共同面对生活中的挫折与失败。

第三章
女人要做可爱的吸血鬼

一个没有信心，没有希望的女人，就算她长得不难看，也绝不会有那种令人心动的吸引力。这就正如在女人眼中，只要是成功的男人，就一定不会是丑陋的。只有事业的成功，才是男人最好的装饰品。

——古龙

第一节　女人该花几分心思爱自己

我的妈妈曾经对我说过一句话：婚姻是利己的。意思是说一个女人走进婚姻之后，不要为了老公或者家庭完全放弃了自己，不论什么事都会选择奋不顾身的牺牲自己的前程和利益。如果你好了，你会把你的能量投入到家庭之中，让婚姻之船加足马力往前行驶，你的家庭也会越来越稳固。而如果你在婚姻之中放弃了自己去成全别人，可能是牺牲自己事业去成全老公的事业，或者老公发达了，而你已经熬成了黄脸婆，站在老公身边怎么看也不般配了。也有女人放弃爱自己，把全部的能力都放在孩子身上，因孩子喜而喜、悲而悲，结果让孩子觉得你的付出是天经地义的，一点不知道回报和感恩。往往有很多时候，你的付出没有回报，或者你期待发达的老公没有一份让你欣喜的事业，更或者你的孩子成长的轨迹和成绩并不尽如人意，你会不会想自己这份牺牲值得吗？如果你当初把这些精力的一部分放在自己身上，你是不是会收获到一个相对完美的自己呢？

记得几年前我的一个女朋友遭遇婚姻失败，其中有这么一个细节：她说在整理自己和前老公的衣物时，看着一床的衣服她竟然号啕大哭！

哭泣的原因不是因为放不下这份感情，也不是哭泣自己无能导致婚姻的失败，而是当她看到两个人一床乱糟糟的衣服时，她太感慨了！结婚几年，老公的所有衣服都是她给挑选的，因为老公有一份光鲜的职业，衣服就是男人的面子。所以老公的每一件衣服无不是她精心挑选的，都是她花费很多心思的大牌子。可是再看看她的衣服，几乎都是地下商场里买的，她个子高，身材也好，好多次遇到自己喜欢的衣服都因为贵不舍得买，想着自己是女人，穿什么都可以，但是不能让老公委屈了。因为他是男人，有很多应酬，必须穿得像模像样。

其实，她和她老公在同一家单位工作，论体面都是一样的。但是在她心里，她愿意把精力、心思和金钱花在老公身上，让他开心，自己就会更开心。他有面子，自己就更有面子。

可是就是这样一份忘我经营的婚姻还是走到了尽头，直到最后她也不清楚感情破裂的原因是什么。自己拼尽全力的对一个人好，难道还有错了吗？

现在大家都知道那句话"只有会爱自己，别人才会爱你"，如果你都不爱你自己，那么谁还会花心思来爱你呢？

的确，女人要懂得爱自己，这样才能得到别人的爱。

可是，女人到底要用多少的心思来爱自己呢？

我一个朋友的儿媳妇，是典型的懂得爱自己的女人。她的标准是老公赚的钱是她的，她赚的钱也是她的，但是她赚的钱只能她自己花。和婆婆住在一起，什么家务都不做，一分钱的东西也不会往家里买。自己赚的钱一分也不放在家用上，美容、健身、买衣服，处处都用钱，自己都不够花，哪里还有钱放在家用上？交际、旅游占用了她太多的精力，哪里有时间去关心自己的家人？她几乎是什么衣服流行买什么，毫不含糊。据说她有两个抽屉的发卡，没有重样的。家务一点也不做，换下的脏衣服都放在洗衣机里。婆婆把衣服洗完，晾在阳台上。第二天她在客厅看着电视还不忘告诉婆婆阳台的衣服应该干了，可以拿回来了。

她的公公婆婆都是高知，即便看不惯，但是儿子喜欢的他们也不会干涉。老公能容忍她的自私、懒惰，当她是小孩子。但有一点让老公很不开心，她想一直保持苗条身材，拒绝生孩子。刚结婚的时候她老公能接受，过了几年看到身边的同龄人都陆续做了父母，他心急了。但是不论他怎么急，他妻子依旧保持从前的想法不改变，不愿改变目前这种逍遥自在的生活状态。

几年后她的婚姻中出现了第三者。她几番大闹后，她老公心平气和地对她说：就是没有这个女人，我也不会和你继续生活了，因为你心里只有你自己。

她失去了她的婚姻，因为她只知道爱自己，分不得一点爱给别人。

两个女人都失去了自己的婚姻，一个因为不爱自己，一个因为只爱自己。

女人要爱自己，但是要掌握好爱的分寸。

既不能在爱的世界里失去自己，也不能让爱的世界里只有自己一个人。

用一半的心思努力爱自己，再用另一半的心思去用心爱别人。

几年前蔡琴在演唱会上说了这样一段话："我们总是认为，两年前的自己比现在的自己好看。但为什么我们不告诉自己，自己当下的样子才是最值得欣赏的呢？"然后蔡琴带领全场乐迷齐声高呼"今天的我最好看"，场面相当感人。在最后一首加演曲目《恰似你的温柔》结束前，蔡琴诚恳地说："无论接下来你们的人生会处于什么样的状况，都请记得不要丢掉属于自己的那份温柔！"

很多人都了解蔡琴的情感经历，十年的无性婚姻。离婚后对方说十年婚姻，一片空白，蔡琴自己却付出了感情的全部。1995 年，蔡琴离婚了，变成了婚姻中的黑名单。第二年，遭遇台湾唱片业转型期，又被唱片公司列入了黑名单，整整哭了三个月。可是蔡琴没有放弃自己，经过历练，重新站了起来，在 2001 年重新绽放，重新站在了舞台中央。蔡琴用自己独特的处世哲学和洒脱幽默的性格，顺利度过了事业低潮、婚姻低潮、癌症疑云等苦难，回首往事，蔡琴不住感慨："上帝给老女人最好的礼物就是自由，当毛毛虫蜕变成蝴蝶的时候，人生才得以精彩完成。"

无论此刻，你的人生正在经历什么，可能是处在幸福的婚姻之中，可能是不幸遭遇了情感的背叛，但是只要你不放弃自己，就没有人有资格放弃你。

相对于一味付出型的女人比较，男人更喜欢、更需要的是聪明、新潮、有头脑的伴侣，在现代社会，带孩子做饭洗衣服已不全是妻子的工作，早已被保姆、幼儿园、高级饭店和餐厅所代替了。所以，试着更疼爱自己，示范给他看，他才懂得如何珍惜你！总而言之，女人要懂得爱自己，男人才懂得珍惜你！

第二节　女人应该笨一点

有一次看知名女作家林燕妮的访谈。林燕妮是香港的才女，被金庸称为散文写得最好的女作家。她一生著作很多，被人们称作是用香水写作的作家。她出身名门，高学历、高职位，曾任香港电视台高层、主持人、广告公司总裁、总经理，与才子黄霑的 14 年恋情为人津津乐道。就是这么一个极品女人，在访谈节目的最后，主持人问她，下辈子还想不想做女人？她说不想。因为像她这样做女人太累了。如果下辈子一定还要做女人的话，那就做个又笨又傻的女人吧。女人傻一点笨一点，让老公宠着，多幸福。林燕妮这样聪慧成功的女子让多少女人羡慕，而这样的女人为什么又想在下辈子做一个又笨又傻的女子呢？

听完林燕妮的这段话让我想起我的一个女友。她的一段失败的恋情主要原因都源于她的"聪明"。她说有一次她生日，男友在外地出差，想给她一个浪漫惊喜大变活人，说自己因为忙无法赶回来陪她过生日。当晚男友乘飞机赶了回来，在她家楼下打电话给她，结果这一切她都猜到了，并且还丝毫不在意对方感受的说了出来她的猜测，这让对方觉得特别没劲。一个预期中的意外惊喜就这样被女友的"聪明"给毁了！他们的交往过程中有过很多次类似的事情发生，有时候是男友说一件特有趣的事，说到中间，她就猜到了结尾，当她在为自己的聪明伶俐沾沾自喜的时候，丝毫没有留意男友失落的目光。终于有一次在她尽兴表现了她的聪明后，男友终于觉得无法忍受喜欢卖弄聪明的女人，转身离去了。

其实很多女人都容易犯这个"聪明"的毛病！

一天，我的一个朋友兴冲冲地打电话给我。"小桥，你猜我刚才遇到谁了？"电话里她急切的问我。"XXX吗？"我脱口而出。朋友兴趣全无地说："你怎么知道？"她肯定以为我和XXX刚通过电话得知的，其实真的不是，就是那一刹那的感觉告诉我，他们相遇了。放下电话，我忽然觉得自己很无趣，我可以把自己的感觉压下去，不说出来。然后让我的朋友开心地给我讲述一番他们相遇的细节，那份偶然与惊喜。可是我的直觉是这样告诉了我，她遇到了他。

这样让人扫兴的事我不只做过一次。夏天的时候，我在单位的花坛里面种了一棵番茄。种下后也不曾管过，一直享受的是大自然的阳光和雨水。秋天的一个下午，一个男同事非常神秘地走到我面前伸出一只攥紧了的大手，让我猜他手里的东西是什么？我看了一眼说："西红柿。"他问我怎么知道的，是不是看到他去花坛了。我告诉他真没有，完全是瞬间的感觉。他的手瞬间无力地垂下来，脸上一下子有了气愤，那表情好像我要是男人，他就要给我吃他一记拳头的意思。的确，人家很有兴趣地让你猜，你就猜好了，何必早早道出答案呢？

娱乐圈里也常有这样聪明不讨好的事情。女明星郝蕾漂亮、聪明，也很能干，和男明星邓超投入地爱过一场后无疾而终，相反看起来娇憨

姿态，女人的幸福密码

的孙俪最终和浪子邓超走进了婚姻的殿堂,并且幸福地做了美丽妈妈。

看来一个女人是否幸福,不因为她是否聪明、是否能干。那又是什么呢?

有人用"冰雪聪明"来形容女人,可是聪明未必是好事。现在我常常觉得,作为女人要学会笨一点。

笨女人什么也不会做,自然会有人疼她,帮她做,然后笨女人像小孩子一样娇憨地撒娇。

笨女人什么也不懂,自然会有人耐心地讲给她,然后笨女人用崇拜的眼神望着他,百炼钢皆成绕指柔。

记得几年前读过一篇描写一个女明星的情感经历的文章。女明星说她和男友分手的原因很大一部分是因为她过于"聪明"!一次她生日,男友因为在片场不能回来。为了给她一个惊喜,他急急地准备好礼物赶了回来。在机场他给她打电话,没想到聪明的她马上猜出来是他赶回来看她!类似这样的事情发生过几次,由于种种原因,这段感情最终走到了尽头。究其原因,她过分聪明是绝对逃不脱干系的。聪明不是错误,但是聪明常常让生活失去了很多兴致与趣味,也让人与人的关系失去了好多余地,让自认为强大的男人没有了展示自己的机会。每个男人都希望自己聪明、睿智,甚至还有那么一点点神秘,这样可以让自己的思维永远高于女人那么一点点,在女人仰起头看他的一刹那,在女人惊喜的瞬间,他们的自尊心会得到强大的满足。聪明的女人什么都了然于心,思维永远高于男人一点点,让男人总是仰着头看她,憋得透不过气来。试想又有哪个男人的自尊心允许自己总是这样仰起头来看女人呢?

一个聪明的女人总是目光如炬,像冰雪上的阳光,明媚而刺眼。
一个笨女人常常一头雾水,像清晨一团薄雾中的点点微光。

如果你是男人,是不是也觉得薄雾中的点点微光更撩人心魄呢?

如果你是女人,又很不幸天生聪明,那么请你装作笨一些、傻一些,因为这样对你会更好一点。

男人不喜欢傻瓜，但是也绝不喜欢过于聪明的女人。男人都有多多少少的大男子主义。真正聪明的女人都知道，她无论和哪个男人交往，懂的都该比那个男人少一点。这样交流的时候对方才会觉得轻松，其实男人需要的不是一个真正的傻女人和笨女人，而是聪明的知道自己什么时候该表现出来"傻"一点和"笨"一点，而并不是真的傻和笨。

女人要聪明，但要表现得不那么聪明。

第三节　什么样的女人才是一所好学校

有人说好女人是一所学校。一个好男人通过一个好女人走向世界，一个男人的一百个好朋友，也没有一个好女人好；一个男人的一百个好友，也不能代替一个好女人。好女人是一种教育，好女人身上散发着一种清丽的春风化雨般的妙不可言的气息，她使好男人寻找自己，走向自己，是好男人豪迈地走向人生的百折不挠的力量。

有一次和一个男性友人聊天，他在话里话外表示自己能有今天，完全得益于妻子的督促。因为妻子向往高水准的物质生活，所以给他制定了前进的目标，让他可以勇往直前地一路奔跑过去。和他谈完，我马上开始了一番痛彻心扉的自责，我为什么就不物质呢，我怎么就不买上万块钱的包包呢？第二天还嫌不解恨，顺便把女友也责备了一顿，为什么你家没有成功男士？谁也不怨，因为你不够物质！你对他不能高标准严要求，所以你现在还穿几百块钱的鞋，这都是你自作自受！

听我说完，女友笑了，说了一个人的名字，那是我们都熟悉的一个朋友。一想起她，我就平静了。她是一个很要强的女人，很想有个强大的老公作为依靠。于是她给老公不断制定各项奋斗目标。可惜对方是个安于现状的人，象征性地奋斗了几次后就停止不前了。她很生气，于是不再把希望寄托在老公身上，而是自己去打拼出一片天地。她是一个很有能力的女人，几年过后，凭借着自己的能力给自己赚来了美好"钱途"。后来，双方都看着彼此不顺眼，很自然地结束了婚姻。几年过后，男人又再婚了，找了一个样样都不如前妻的女人。老公再婚之前，她后悔了，想和老公复婚，于是动员了孩子和双方老人，大家都愿意他们复婚，可她前老公死活不肯。她前老公说和她的婚姻就是一场噩梦，想着就不舒服，更何况后半生要天天面对呢？都无法心平气和地面对，又如何爱火重燃呢？

在这段过去的婚姻里面，她始终认为她的前老公是一个很没有能力很窝囊的男人，自己不喜欢了，也不会有别的女人看上他，所以离婚复婚的主动权完全都取决于自己。所以，当她看到对方幸福地开始新的婚姻生活时，依然是不解，难到自己错了吗？自己要求男人上进有什么不对吗？

一个女人严格要求她的老公上进、赚钱，就相当于学校要求学生出好成绩，这有什么不对的吗？

大家都知道一句话——好女人是一所学校，那么，什么样的女人才能算得上是一所好学校呢？

我们把好女人放到一边，先来看看什么样的学校才算是一所好学校。

有孩子的家长都知道，我们都要求孩子有好的成绩，毕竟好成绩是好大学的敲门砖。但是一所好的学校不是用眼睛死死盯着卷面上的分数，它还要看孩子的心理是否健康，让每一个孩子都能够在自己擅长的领域内找到信心和希望。我们愿意孩子快乐成长，不仅能够学到知识，又能得到个性的张扬，最大限度地保护孩子的积极性，这些才是我们家长所期待的。

第三章　女人要做可爱的吸血鬼

73

我们不希望学校一味地追求好成绩，成绩固然重要，但以牺牲孩子的健康和兴趣为代价而换来的好成绩，我们宁愿不要。

　　一个好的学校应该懂得因材施教，知道尊重学生的兴趣爱好，对于不同的学习对象应该采用不同的教学方法，而不是用统一的尺子进行衡量。

　　女人也是一所学校，什么样的女人才是一所好学校呢？其实和我们为孩子选的好学校的标准差不多。

好女人首先要懂得尊重老公

　　不论你们的学识、外表以及出身有多么大的差距，也不论他曾经多么低姿态地追求过你，就算你原来是皇家的公主，只要你和他步入了婚姻，那么他和你就是平等的夫妻关系。很多女人都有望夫成龙的心理，于是给老公设立了远大目标。一旦老公达不到，她便认为自己的老公无能，和别人的老公没法比，总想把对方踩在脚底下过日子。最后的结果是那个男人不能忍受，跑掉了。有一句话说得好，一个男人在家里缺少什么，就会跑到外面找什么。

　　你不给他尊重，他就会对那些来自外界的"尊重"与"仰慕"失去了免疫能力。的确，他很"无能"，但是你连这么一个无能的男人都守不住，岂不是更无能？

好女人更要懂得因材施教

　　你要清楚你的老公是哪一种类型的人，然后根据他的特点为他打造美好前程。不能一味地按照自己的口味和喜好为老公设计一条道路，在后面拿着鞭子用力抽打。当然不排除有的男人能在这种鞭策中得到激励，但是更多的男人不喜欢这种沉重的方式。就像一所学校，在高强度的压力下，学校期待学生能有个好成绩，有的孩子真的成绩上来了，也有的孩子因为承受不住这样的压力导致心理疾病，甚至抑郁、崩溃，这几年名校学生自杀的新闻也是屡见不鲜。

老公也是如此，你给他压力太大了，他可能会选择中途退学。到时候别说你这所学校名声远扬，恐怕将来的"生源"都成问题吧！

一个聪明的女人，不会只将希望放到老公身上，她懂得不断地丰富和充实自己，同时也给自己的老公极大的空间和信心，有足够的耐心等待这个男人破茧成蝶的那一天。

聪明的女人不挑老公，无论遇到哪种类型的，她都能把日子过得风生水起。

这是精明，更是本事。

让我们女人从今天开始，努力做一所好学校吧！

第四节　大胆去爱花样美男

如果你在适婚年龄，有两个男人，其他条件完全一致，不过一个是相貌平平的"丑男"，而一个是人称花样美男的"帅哥"，你会如何选择？

我认识一个小女生，二十出头，原来找男朋友的观念是只嫁丑男，原因是只有相貌平平那个的男子才让人踏实，不怕他花心劈腿，身边美女们未必看得上他。而且丑男还有一个好处，容易让自己在内心里产生一种优越感，因为和丑男站在一起可以衬托自己是一个大美女。最近这个小女生忽然把自己从前的观念全部推翻，不嫁丑男，只嫁帅哥！我惊讶她的转变，我问她帅哥不花心吗？帅哥不会衬托得你是丑女吗？

小女生说，帅哥更专一。她说自己以前谈过丑男男友，的确非常细心，对自己关照有加。但是后来她发现这个不过是丑男的"生存之道"，是一种长久的习惯。即便和自己谈了朋友以后，他不仅对自己照顾有加，对其他美女依旧照顾有加，这个让她很受不了。可能丑男晓得自己模样不佳，所以也有危机感，希望在情感上找个"备胎"，万一自己被甩了，还有"备胎"候着呢。相反，小女生觉得帅哥因为从小被人呵护，相反一旦投入到爱情之中，会很专一，也更让人踏实。

她还有一个观点就是帅哥更有内涵。现在的帅哥或许是为了维护完美的形象，举止都很文雅。许多都是受过高等教育的，学识渊博，谈笑幽默风趣。那些丑男呢？总认为自己很男人，举止粗俗，说话爱带脏字，还说这是自己不拘小节。有时带他去聚会，自己都觉得无地自容。

我问她是不是同样条件的两个男生，帅哥更养眼呢？就是每天看着心里都舒服？她笑。我说帅哥更拿得出手吧，带出去更有面子呀！她说我不为自己考虑，还要为自己的后代考虑呢！我早晚有一天会结婚生小孩，帅哥的遗传基因明显更好呀，我总不能让我的小孩因为对自己的外表不满意而不喜欢照镜子，从而抱怨我怎么不给他找一个帅哥爸爸吧？

仔细想一下，小女生的话不无道理，其实同样的条件，谁都喜欢外表看着舒服点的。爱美之心，人皆有之。我想在嫁给丑男和帅哥的问题上，女人的自信是不是起到了很大的作用呢？

这个是我一个女友的故事。

去年冬天的一个早上，我本来和女友约好见面谈稿子的事情。早晨我给她打电话想确定具体的见面时间。结果女友在电话里说她出车祸了！和她老公两个人现在都在医院里！我心里一惊，一时间理不清头绪。

接下来我在当天的晚报头版看到了女友遭遇的那场车祸，通过图片看到车祸非常严重，大巴严重变形，乘客也有伤亡。

挂了电话我急忙赶到医院，看到女友躺在病床上，严重程度大大超出了我的想象。嘴巴上的伤口已经结痂了，右腿膝盖和腰部刚做完核磁共振，右膝盖已经变形，右小腿肿得厉害，麻木没有知觉。她依然眨着那双大眼睛和我说话，一滴眼泪都没有。她说出事前没有一点预兆，她当时和老公坐在一起，还用 MP4 一起看电影。刹那间，一辆大挂车和她所乘坐的大巴相撞，当时女友和她老公连同座椅一起被甩出车外，瞬间女友的右腿就被卡在了大巴和大挂车之间，不能动弹。当时在她身体下面有一个人，在女友的上面还有两个人。女友说当时她就知道在她身下的那位乘客已经停止了呼吸，她上面有一个乘客也没有了呼吸。我问她害怕吗？她说不怕，因为整个人都已经傻掉了，完全想不起来应该害怕。她回忆昨天这些事情的时候很平静，和文字打交道的人看似敏感柔弱，但遇到大事情的时候是真正的冷静！

我和她说要是换作我，一定会哭的。她说当时知道哭也无济于事。出事的时候她的老公在不远处，被压住了腿。他怕女友在寒冷的天气中失去意识，于是不停地呼唤女友的名字，强忍着痛将身体朝女友的方向移动，为了握住女友的手，避免她在寒冷天气中昏迷。当被抢救出来时，她老公的双腿已经露出了骨头。因为女友的位置不好，营救人员最后一个才救出了女友。她说她的老公最伟大，因为他在第一个被救出去后，坚持不上救护车，一定要看到自己老婆也被救出来，两个人一起离开现场。说到此时女友的眼睛里忽然有了大滴的泪水。她很激动地和我说：小桥姐，我没嫁错人！

有一句话说得好，看一个男人是不是爱你，就看他在你出现意外时的紧张程度。

女友真是没有嫁错人，结婚的时候我们很是为女友的婚姻捏了一把汗，她是好女孩，我希望她能有平静而幸福的婚姻生活。

我的女友是闪婚的，那是真闪呀，好像交往两个月就开始筹备婚礼了。后来我看过照片，是女友喜欢的花样美男型。身材匀称、头发卷曲，五官说不上惊艳，但搭配起来很是耐看。打一手好篮球，所以三十岁年纪看起来依然还是一个阳光大男孩的模样。我女友学历好、事业好、模样也好，但我总觉得和这样的男人生活有点冒险，漂亮的男孩子太招人了,怎么看都好像不是居家过日子的那一种。

婚后我见过一次女友,一日不见,起码年轻了五岁!皮肤红润了,声音甜美了,整个人好像都轻盈了起来!她对我说:小桥姐,现在不论我在外面有多么不开心的事,只要回家看到我老公,就全都是好心情!我想找个花样美男是对的,起码养眼,心情愉悦!

曾经看过这样一个故事,有朋友劝梅艳芳找个成熟男人依靠,因为漂亮男人自然花心,如果喜欢漂亮的男人容易吃亏。梅姑感慨,其实很多丑的男人也花心,既然俊男和丑男都花心,当然要找俊男,起码看着赏心悦目。

仔细想来,一个男人的品质好坏的确和面孔无关,不是长相差强人意的都为人淳朴、忠诚专一,也不是花样美男就一定会摇摆不定、见异思迁。

所以,如果再有女友恋爱,我一定这样劝她,如果有两个人爱你,同样优秀,区别是一个面容是普通的,一个是花样美男。那么,请选择花样美男吧,既可以有好的基因遗传给下一代,同时也愉悦了自己。

第五节　没有感觉是造成剩女的原因吗

剩女,教育部 2007 年 8 月公布的 171 个汉语新词之一。指现代都市女性,她们绝大部分拥有高学历、高收入、高智商、长相也无可挑剔,因她们择偶要求比较高,导致在婚姻上得不到理想归宿,而变成"剩女"的大龄女青年。

"剩女"是这些年来的新生词汇,还有人给剩女根据年龄不同归纳了几个级别,什么"剩斗士"、"必剩客"、"剩者为王"和"齐天大剩"等。我总觉得"剩女"一词对于女性有点歧视的意味,不过是女孩子到了大家公认的适婚年纪没有走入婚姻,原因可能有很多种。可能有的女性就是不喜欢婚姻生活,单身并不是没有男友,不过是在内心里还没有做好走进婚姻的准备而已。也有的女性是遇不到最可心的那个对象,绝不为了让老人省心将就着走进婚姻。其实也对,为了结婚而结婚,个中滋味只有自己清楚。有的是缘分来得晚一些,不过也有一些人是过于挑剔了。自己的未来慎重面对是正确的,但是这个世界上的确没有一个人是完全依照你想象的标准而存在的,就好像你本身也并不完美一样。

我一女友,特别热心,喜当红娘。她总觉得现在虽然是通讯发达的网络时代,但是大龄男女彼此认识接触并且交往的机会并不多,所以她非常愿意为大家解决这方面的困难。去年五月,一对恋人结婚了。新娘是我的朋友,新郎是我女友的表弟,女友很开心。她说自己认识的人多,看人很准,而我懂一点心理学,所以我们两个联手很容易促成美满婚姻。我第一次当"媒人",就成功了,那一段时间特别开心。

我认识一个小朋友,其实也不算小了,再过几个月周岁也到了而立之年。条件不错,容貌也主流,依旧单身。女友很喜欢这个小朋友,从去年开始不断地为她物色中意的男生。有女友同事的朋友,也有女友阿姨的儿子,一连接触了两个,对方条件都不错,也都很看好我的这个小朋友,但是接触几次之后,小朋友都不想继续相处了,问其原因就是没有感觉。

前段时间女友打电话给我,说这一次有一个很好的男孩子,一定让我的小朋友把握住机会好好相处。半个月前,我们在一起吃饭聊天,男孩子还真不错,长得很端正,也很真诚。从物质上衡量,也算中上了。家在外地,无依无靠。大学毕业不到十年,一个人买了两套住房外加一个门市,就是一年门市的租金都是我们工薪阶层的几倍。他从事的行业和我的工作还有很多交集,不是说多么看重物质,但是通过这些可以看出一个男人的头脑和勤奋。我觉得这是一个 85 分的男生,分手的时候我叮嘱小朋友一定好好相处。我告诉她感觉是一个很玄妙的东西,未必就

79

在刚认识的时候来临,所以给自己一个机会,也给对方一个机会,或者在以后的相处过程中感觉就不打招呼地来了呢?

后来我一直没有和小朋友联络,我以为一切都顺利着呢。前几天我的女友短信给我,说小朋友给那个男孩发短信说不想相处了,男孩还是一头雾水,不明所以。这次女友有点不高兴了,因为以往两次给她介绍男生,最后小朋友都是以没有感觉而回绝了。这次女友让我问下到底是什么原因不想继续相处?因为她自己不方便问,她说:小桥,你是情感专家,你给我分析一下,她到底是什么心理?我不是生她的气,就是想问个明白!

其实我不用问,这一次小朋友的理由一定还是没有感觉。可是,感觉是什么呢?感觉是一见钟情的惊艳?还是双目对视时的火光四溅?抑或像隔壁吴老二一样,只要看对方一眼,就全身发抖?过来人都知道,感觉不过是一刹那,如果这样一个男子,让你每看一眼,都无法自持地心跳加速、紧张慌乱,我觉得这不太可能吧!难道他身上带着电门?能够不间断地持续放电?即便他可以放电,时间久了你也有了"耐电性"了吧,只有他不断地加大电流强度,你才始终会有被电到的感觉吧?

谁会每天清晨起来,看到老公一眼就心神荡漾?被老公碰一下小手,就心如撞鹿?谁家要是天天这样,那日子还过不过了?

为了感觉,去疯狂地爱一次,这样的人生真的没有遗憾。所以,谁都应该这样忘我地爱过一回。但是,这样的凭借感觉的爱最好发生在你很年轻的时候,例如你在上大学,或者你二十几岁。那时候面容娇媚,没有任何负担和压力,心里自由自在,极适合谈一次颇有感觉的恋爱。

虽然这样的爱情大多数都是以分手作为结局,但是你的情感生活从此不再有遗憾,你不顾一切地纯粹地爱过了,那么在以后的岁月中,这一段爱情让你每每回忆起来,都心中温暖,甚至会想,自己当年真是很厉害呢！一点不曾辜负了那一段青春。

我的小朋友在情感上的心态完全是二十出头的样子，容颜年轻固然好，但是心理上的年轻就未必是好事。三十的人可以有二十岁的心态，但是在面对问题的时候，绝对不能有二十岁的态度。你想要感觉，可是现在三十岁的男生都极为现实，结婚生子，安稳的生活。

谁愿意而立之后再陪你寻找"感觉"呢？说句难听的，如果真的是貌美如花、十八般武艺，谁看了都"全身发抖"，就会有一大堆男人疯抢，还能有剩下的机会吗？

"感觉"和"感情"只有一字之差，前者是虚无缥缈没有根基的，后者却是漫长生活中一点点滋生出来的。相比而言，前者让人神往，而后者更加可靠踏实。

用我朋友的话说我真是"什么不急什么急"，小朋友从上大学开始我就认识她，也有十年了，说心里话，我真是不愿意眼睁睁地看着她步入剩女行列。真的很希望，在不让她自己受委屈的情况下，能给自己一个机会，也给对方一个机会。

感觉要有，但不要过度迷信

感觉是什么呢？是看不见摸不到但是却又在爱情中主宰了很多的一种情愫。我们熟悉的女明星周迅、张曼玉，都是经历过很多次爱情的名女人，每一次爱情都如飞蛾扑火一般陷进去，然后又都是伤痕累累地从爱情中走出来，再迫不及待地杀进一场新的爱情。

为了爱情，她们可以素面朝天做主妇、逛超市，她们可以几年不拍戏心甘情愿地做男人背后的女人。她们的爱情对象不是富贾巨商，也不都是风度翩翩貌比潘安，她们要的就是一种感觉，感觉有了，爱情就来了。

用周迅的话说，只要看到才子就控制不了自己，从贾宏声、朴树，再到非他不嫁的大齐，无一例外，都是才子。

在漫长的爱情道路上，她们只为了寻找那份爱情的感觉，只要感觉对了，对方什么年纪，什么国籍，什么经历，在巨大的爱情感觉面前，这些都是浮云，不值一提。

媒体说周迅是个爱情的精灵，似乎天生就是为了爱情而生的。可是这么多年追求爱情的过程中，似乎她受到的伤害更深。可以说她们爱上的不是对方，而是爱上了恋爱的感觉，一旦感觉消失，就想抽身而退。

女明星可以依着感觉恋爱一辈子，玉婆伊丽莎白·泰勒一生追求爱情，经历过八次婚姻，老公从导演、演员到卡车司机形形色色，试问一下，在生活中哪个女人可以像她这样活？谁敢？谁又能？

感觉是女明星的一日三餐，但却是我们普通女人的奢侈品。

第六节　爱够以后再结婚

世界上每一分钟都会绽放爱情的花朵，我们不知道，下一刻，是不是会有爱情降临到我们身边。

很多女孩子总是会幻想，年少时恰到好处的遇到一段恋情，青梅竹马，两小无猜，然后顺利结婚，相看两不厌，白头到老。这是多少女人期待的爱情和婚姻生活！但是现实中往往却不是如此。初恋是难以忘怀的，也是投入最深的，但是初恋就结婚却是不太好的。年少时女人是不太会恋爱的，所以第一次就会特别地投入，全心全意为对方，然而，对方到底合不合适，是不是自己想要的，女人通常把握不准。如果第一次恋爱就结婚，会给女人带来一定的烦恼。经过一段时间的相处，女人会发现男人不像恋爱时那么温柔体贴，就会抱怨。这样一来会产生一定的矛盾，婚姻也有了危机。

在谈过两三次恋爱后，大多的女人会有疲倦感，会想安定下来，选择结婚。在这时候，女人有了一定的恋爱经验，对男人的选择也有了自己的标准和要求，这样会比较合理地选择合适自己的，能够跟自己一起走过一生的男人。此时女人的心理相对成熟，能够理智、积极地面对未来婚姻中出现的各种问题，包括性格的摩擦和来自于外界的诱惑。

最近听到这样一件事。一个贤惠端庄的已婚女子忽然在婚外遇到了爱情，并且迷途不知返，一发不可收拾。整个人完全变了样子，找尽借口去和情人约会，甚至多次误了时间忘记去学校接孩子。她记得和情人的每一个纪念日，自己简单地吃一口，却可以耗上一天时间给情人烤制糕饼。那种沉迷的状态比较初恋少女有过之而无不及。身边的朋友不愿意看她沉迷，由开始的旁敲侧击到一针见血的提醒她，可是她完全听不进去，那架势简直就是要"拼将一生休"也不放弃这段爱情了。

钱钟书先生在他的《围城》一书里写道：上了年纪的人一旦爱上别人，会像老房子着了火。我觉得不单是上了年纪的老人，在情感上一片空白的已婚女人一旦爱上，也如同老房子着了火，无可救药。

不论漂亮与否、家境如何，几乎每个女孩子的心里都曾经有一个白马王子的梦想。可是并不是每一个女人在年少时都有机会遇到那么一个让自己惊心动魄的爱人，可能那个人在她生命中出现过，但不幸擦肩而过。也有可能因为种种客观原因，她遇到了白马王子，但对方并不倾心于她。一直以来她的情感生活不温不火，既没有拼尽全力地爱过，也不曾体会到那种被人捧在掌心的感觉。虽然也有过几段感情经历，但是对于她来说就是平淡得像一片空白。很多女人在青春快要逝去的时候，看着身边的女友一个个为人妻为人母，而自己还是形单影只时，心中难免会生出的一种莫名的恐慌，无法抑制。所以她往往会抓住青春的尾巴，寻一个差不多的对象，然后为了结婚而结婚。也就是在适合结婚的时候，她遇到了自己的 Mr. Right，毫无悬念，她在大家的祝福中步入了婚姻，开始了正常又正规的生活。虽然日子寂静如水，过着每天按部就班的平淡日子,但是在她的心里那个美好的梦却从未消失过。

好像《廊桥遗梦》里的主妇——弗朗西丝卡,她心底那个追求浪漫的爱的火种并没有被琐碎的生活熄灭,所以只要适合的人出现,这个微弱火种就极有可能燃烧,爱火熊熊。和一个情感经历几近空白又对情感有百般憧憬的女人结婚,就相当于拿着定时炸弹过日子,不知道什么时候这炸弹就会引爆,殃及身边人。

现在的离婚率逐年上升,有人说这标志着婚姻质量的提高。我觉得这也标志着很多人在婚前情感经历过于简单,所以才会将婚姻理想化,继而失望透顶。

一个没有任何情感经历的女孩子,可能是很多男人想象中的完美妻子,但在生活中却未必是真正完美的。

在报纸上常看到一大把年纪还要离婚的阿姨,她们都是这样的心态,一辈子将就了,现在没多少年了,一定要依着自己的性子活一回。因为她们没有经历过浪漫爱情,所以觉得这一生很亏,要弥补也很正常。

一个女人,因为"曾经沧海",所以才能有"难为水"的平静心态;
因为阅过风景,所以每到一处才可以坦然面对。
一个女人,不顾一切地爱过人,也被人狂热地迷恋过,经历过喧嚣,一颗心才可以真正静下来,这时候她会知道爱情的实质就是相濡以沫、相伴一生。
如果不曾经历过,总会心有不甘,甚至在多年以后冒出"要为自己活一回"的想法来。

正读我这篇文字的人,如果你是女孩子,如果你还没有爱够,为你负责,也为对方,请不要急急地走入婚姻。

一次和一位素未谋面的朋友说起下周她可以在电台听到我的声音,她很开心地说未见其人先闻其声。她问我的声音怎么样?我说还好吧,就是一个标准女人的声音。我告诉她我不太在意一个人的容貌,但是声音是我衡量的一个标准。一个男人不论身高几何、面容怎样,只要有一副磁性深沉的好声音,在我眼里就是一标准帅哥了。

我的朋友说她老公声音很好,谈恋爱的时候自己非常迷恋,可是现在发现自己当时最欣赏的优点怎么全都变成了不能忍受的缺点,到底是为什么呢?

其实我很清楚,我朋友不是讨厌她老公的声音,因为她老公声音依旧,不过是他没有说出来让我朋友满意的语言内容,所以连带他的声音我朋友都一起讨厌了。我听过一个男人抱怨他的老婆懒惰,大家都劝他老婆那么漂亮,懒惰点没什么,那么好看单是看着也养眼呀!没想到这个男人说:她长的太好看了!好看得我都不愿意看了!再漂亮的面孔看久了也类似一张标签,婚姻中要有柴米油盐,要窗明几净,需要女人管好孩子照顾好老公,更要对方温柔体贴好性格,以上这些仅凭一张好面孔是无法替代的。

爱情是浪漫的,美妙情话用动人的声音说出来,谁都会怦然心动。一个有着动人面孔的女人和你面对面,只消那么对你望上一眼,就只有乖乖地束手就擒的份了。

可是同样的内容,在恋爱时就是大大的优点,一旦走入了婚姻,就变成了缺点,这是为什么?因为那些优点在恋爱时是优点,吸引你的目光,让你沉醉其中不能自拔。可是一旦到了婚姻之中,那些曾经的优点在琐碎的生活面前变得无足轻重。所以,常常会自责自己当时"怎么瞎了眼睛",又被那些虚无的东西迷住了心?每到这时,你会对那些对方曾经的优点深恶痛绝，这种情绪其实是对自己的一种否定。因为否定了自己的过去，心情极为不悦，所以再看那些"优点"就更加不快了。

爱情或许完美的，婚姻几乎都不是完美的。但是大多婚姻并没有因为这不完美而解体，相反，一样坚持走到了天长地久。

爱情和婚姻是两码事，很多婚后感情出现问题的夫妻都是因为在婚前就没有看清楚，尤其是女性，婚后大失所望的是大多数，很多女性觉得婚后生活和婚前生活截然不同，有严重的失落感和受骗感。

爱情是面包，婚姻是米饭，面包不能当饭吃；爱情是激情，婚姻是亲情，人不能总靠激情过日子；爱情是一个男人和一个女人的缠绵，婚姻是一个丈夫和一个妻子要接受对方所有的好与不好，接受对方所有的优点和缺点，并且要接受对方整个家族，婚姻不只是两个人的结合，而是两个家族的结合。这所有的道理在婚前就应该想清楚，否则被热恋冲昏了头脑，眼中除了爱什么都看不到。紧接着自以为婚姻是爱情的升华和保证，再次犯错。婚后发现激情不仅没有升华，反而退却，于是大惑不解，于是大呼上当，于是寂寞空虚，于是自怨自艾，于是后悔不已，于是寻求新爱。所以，婚后如果要维护好感情，接受日益平淡真实的亲情要比创造令人兴奋的激情更重要。

爱情是两个闭着眼睛的人在交往，而一旦结了婚之后，两个人的眼睛渐渐睁开，因为朝夕相处，终于看得越来越清楚，曾经的缺点渐渐浮出水面。

既然走入了婚姻，就请坦然面对这个法律保护下的相处方式吧！不要感慨婚姻是爱情的坟墓，感慨你们的爱情会死在这坟墓里面。要知道，并不是所有的爱情都有进入坟墓的机会，这世上有多少的爱情暴尸街头？又有多少爱情轰轰烈烈但又无法走进婚姻的大门？

有的情人做了七世怨侣却始终徘徊在婚姻之外，所以能在同一屋檐下生活，都是缘分和福分。

对于这些，唯有珍惜。

姿态，女人的幸福密码

我一直相信冥冥中早有安排，包括所有的相遇和分离。

如果你正在婚姻之中，请你珍惜婚姻，让你们的爱情，在这坟墓里可以安稳的入土为安。

如果你恰巧正经历着爱情，请你善待爱情，因为你们的爱情不一定出现在恰当时候，不一定有机会步入婚姻。

所以，请保存下所有美好细节，在回忆里，让爱情地久天长。

第八节　你会送花给自己吗

很多婚后的女人都会抱怨老公不如从前殷勤了，从前不论什么天气天天接送自己上下班，一点头疼脑热都会嘘寒问暖，每年自己生日、情人节、圣诞这些重要的日子，也都会有一捧娇嫩的玫瑰由快递人员送到办公室里来，让自己成为办公室同事们羡慕的对象。可是一旦结了婚，这些待遇就全都没有了。问老公为什么不送了，老公的话差点没给她气疯：谁还能傻到给上了钩的鱼喂食呢？

是呀，以往为你做那么多，是因为他是在追求你的过程中，尚在路上，所以要用力朝着终点奔跑。要体贴温柔，要花费心思准备别致小礼物，买了花还要打上漂亮的包装制造浪漫惊喜……他都做得心甘情愿。一旦结了婚，就好像运动员跑到了终点，用尽了气力。因为终点已到，好像那些表示爱意的举动都显得多余。能说他结了婚就不爱了吗？也不是，不过是没有了那份心情。

所以女人心里不平衡了，好像被人家骗到了手一样。其实婚姻是简单而平实的，那些动辄送给妻子999朵玫瑰的都是影视剧里面才有的情节，在生活中又能有几个男人做得到呢？

自己买花送给自己

一天中午和朋友聊天,说着说着谈到了鲜花。朋友说买花比较浪费,我这边脸就红了。因为我常常买花,有时是送人,更多的时候是留给自己看。

我的小孩一两岁的时候常常和我进出花店,一般的花他都能够叫出名字来。我只买一束,不用任何包装,然后用好多层报纸抱回家。冬天的时候我还会把花包在我的大衣里面,一路奔跑回家!然后剪掉多余的枝叶,再斜斜地剪掉根部。剪枝是为了不让它们过多的吸收应该属于花朵的那一份养料,斜斜地剪根是为了斜剪下去根部暴露的面积最大化,这么做是为了最大限度地吸收养分并且为上面的花朵输送营养。我还会在水里面放上一点点盐,或者一粒维生素 C,这样做可以让花期更长久。

我觉得我的细心和专业非常适合做一个花店的工作人员,可是我总是做不上我喜欢的工作!

我有一个非常厚重的透明玻璃花瓶,我把花错落的插在里面,还在花瓶里养过几条红色的凤尾鱼。鱼在花茎中游动,非常写意!

我喜欢买粉色、黄色玫瑰,还有多头的小康乃馨,碎碎的石竹梅,还喜欢雏菊。有一次我买了一捧满天星,特别白。因为它就是玫瑰之类的配饰,所以没有人在意它的样子。回家后我仔细看每一朵小白花都有很多个花瓣,而且有一种独特的清香。清晨起床,看见阳光下的那一捧白色满天星就像一个童话的梦,浪漫而美好。后来我们去电视台录制节目,我用剩下的满天星给孩子编了一个花环戴在头上,效果非常好。我还在字典里夹了一些满天星,做成标本。完全干后,满天星依然保持着鲜活的模样,颜色微微泛黄。

我给自己买花,也常送给别人花。

有时候朋友生日或者纪念日,找不到适合的礼物表达心意,一般我会选择买一束花。我曾经送过女友粉红玫瑰,因为这是我爱的,我也愿意送给我爱的人。女友很高兴,马上打电话给我,开心得不得了!我还送过一个中年男子一束百合,他是一位很有名气的医生,孩子小时候生病几乎都要麻烦他,他对我们非常照顾。为了表示感激,我在花店买了一大束香水百合,送到了他的办公室。可能他从来没有收到过这样的花束(表彰大会的那种花束除外),我看他的表情有点紧张,但也很开心。

十五年前我收到了第一束花,那时候同学竟然把玫瑰看成了月季!

其实每个人心底都有一份美好和善良,所以每个人都喜欢收到别人的花。(当然花粉过敏者除外)

很多人觉得送花夸张,又不实际,毕竟一周后都枯萎了。但我不这样想,我觉得花能给你一份欣喜,同时也没有负担。

如果你不在意或者不喜欢那个送花给你的人,你也不用担心,因为这份礼物很快会枯萎,然后你会扔掉,你也不会在日常的生活中因为这件礼物的安置和使用感到负担。如果你在意那个送花给你的人,那么即便花枯萎了,相信那束花的样子依然保留在你的记忆里,永远美好,永不凋谢。

浪漫是一种氛围,与钱无关

有一次买花,我遇到了一个很浪漫的人。

一个周末,我去买花慰劳自己。当时我身边有一个外国中年男子也在买花,我还注意到他的左手还提了一箱枕式奶。我心想他是一个外国人,应该夸张的买上一大捧吧!结果没有,他选了几支粉红色的小康乃馨,而且也没有打任何包装,只是让工作人员简单地用透明玻璃纸包在花的外面,干净素雅。男子接过花后非常礼貌用比较生硬的中文和工作人员说:"这花是送给我妻子的,谢谢你。"

看着这个男子离去的背影,我忽然发现这才是一个妻子真正需要的浪漫。可能不是什么重大节日,同时也不是多么铺张奢侈的庞大花束,这样的小小浪漫无时无刻不在发生,都可以发生。一箱牛奶,是生活,一小束花朵,是生活中点缀的小小惊喜。

我觉得真正的浪漫不是推开门后看到的999朵玫瑰,也不是众人之前的真挚求爱,真正的浪漫是那份细致入微的恬静怡人,而不是扑面而来浓厚得让人不能呼吸。

送你大捧玫瑰的人不一定时刻把你挂在心里,而在细微中点点滴滴惦念你的人,才会给你润物无声的爱,值得你去珍惜。

一次女友说起不要被男人为你在街上系鞋带那样的细节关心而打动,她说那些并不代表着他有多么爱你,而不过是他追求你的一种手段而已。这样的事情他能为你做,同时也可以为其他人做。所以,千万不要被这样的呵护左右你的判断。

女友的话虽然有些片面,但是仔细回味也有一定的道理。很多男人愿意在婚前为你做牛做马,把你捧得像个公主。而一旦结了婚,就让你在婚姻里做牛做马,苦不堪言。

作为女人,不要被那些虚幻的浮云迷住双眼,我们要用心体会一个人是不是真的可以让我们托付终身。

如果一个男人爱你,在乎你,一定会有一种方式让他把对你的这种爱意表达出来,例如早起床半个小时为你准备早餐,在你生病的时候叮嘱你吃饭,主动为你分担家务,在你熬夜的时候严厉地告诉你注意身体,一定要早点睡觉。

男人的浪漫,不是一朝一夕,而是润物细无声的点点滴滴。

男人爱一个女人,绝不是娇宠,而是要让她在婚姻里成长得更好。

女人如花。

好像一朵玫瑰,不是由着她肆意生长,而是把她培养成一朵别人喜欢、自己也满意的花。

第九节　旧爱是个情感备胎吗

一个人不太可能谈一次恋爱就走进婚姻,然后白头到老。多数人都会经历失恋,所以前男友和前女友就变成了一个很尴尬的名词。他们真切地存在于你的过往之中,但是却又没有像一页日历那样会永久地翻过去,不知道什么时候他们还会出现在你的生活里。

旧爱如剩菜

周末的清晨,就被好友的电话吵醒。以为发生了什么大事。原来前段时间单位派她到一座南方城市出差,对方单位派出的接洽人员竟然是他——十几年前她那场浪漫爱情的男主角。她说他还和从前一样,依然那么健康帅气,同时又有时间赋予的儒雅成熟。并肩走在街上,她恍惚觉得从前的时光又回来了,还是当年的两个人,走在那个熟悉的校园里。再后来,两个人在各自的城市里尽可能的联络,电话、短信、msn,追忆着过去的这十几年。当他说在谷歌的电子地图上看到好友家居住的小区了,甚至可以清楚地看到好友住的那个单元的屋顶。他还记得她吃两根以上的冰淇淋就会胃疼,还记得好友的右脚比左脚大上半公分。说到这时,好友在电话那边哭了,她说她特别难过,觉得自己好像遗失了生命中最重要的一块珍宝。

放下电话,我好像也做了一场梦一样。

打开冰箱,看到妈妈又把昨晚的剩菜放到冰箱里了。怕在冰箱里沾染了不好的味道,妈妈还认认真真、严严实实的在盘子上覆盖了一层保鲜膜。和她说过很多次,剩了的菜不要吃,里面会有毒素。可是她就是不肯听,还说我们都不要吃,让她来吃好了。她总说味道还没变,就表示没有坏掉,没坏当然可以吃了。

我很理解妈妈,她经历过那段艰苦的岁月,所以格外的懂得珍惜。

第三章　女人要做可爱的吸血鬼

91

我也知道"粒粒皆辛苦",可在我看来,健康还是最重要的。我不会因为节省那几口剩菜损失我的健康,何况生活又没到那种没有饭吃的程度!

昨夜剩下的菜,可能颜色还好,香味也在,热过之后味道还可能更浓厚。你吃的时候也可能舒服得黯然销魂,却不知它很可能已经轻微的变质,你吃过后上吐下泻,这时的剩菜就会让你黯然神伤。再或者,吃罢没有什么反应,可是剩菜里面产生的亚硝酸盐在你的身体里会沉积,终有一天,酿成大祸,这就是剩菜暗藏的杀机。

忽然觉得,好友心里的旧爱好像是昨夜的剩菜。因为格外珍惜感情,所以久别重逢,觉得人还是当年的那个人,甚至感情看起来比当年更浓厚。殊不知,这段旧爱的复苏与发展会严重地影响现在的生活,或者让你心怀忐忑,或者心驰神往,就是身败名裂也未可知。与其说留恋当年那个人,不如说是留恋那段一去不复返的青春时光。因为那个人的出现,让你想起了那段美好,殊不知,那美好完全与那个人无关。

所以,请把你的旧爱从心底挖去吧。它就像剩菜一样,会让你黯然销魂,再暗藏杀机地让你黯然神伤。

那些勤俭的主妇们,也请果断地把剩菜丢掉吧。

因为,那些剩菜,会让你一切的功劳、苦劳,最终全都变成徒劳。

旧爱是情感的备胎?

H 曾经有过一段刻骨铭心的恋情,后来因为种种原因两个人遗憾分手。多年以后,她依旧记得分手的那一刻,男友对她说不论什么时候只要她肯回头,自己都在原地等她。

后来 H 组织了自己的家庭,有了小孩,但是老公并没有前男友那般的体贴和呵护,有时候两个人发生矛盾她不由自主地就把老公和前男友在心里作比较,每每想起那句"只要你肯回头,我都在原地等你",都会情不自禁泪流满面。

这样打打闹闹的婚姻在八年后终于走到了尽头,在她提出离婚的时候老公措手不及,因为他觉得 H 不会有这样的勇气。她把孩子,包括房产都留给了老公，H心里有自己的打算，她依旧记得前男友的话，H也相信对方依旧信守诺言——在原地等她。因为，前男友是她随时随地都可以退的那一条后路。

分手十年以后，H再次出现在前男友居住的城市。她以为对方依旧单身，因为她深信对方一直都在原地等她。在她出现的一刹那，对方非常惊讶，知道来意后他哭笑不得。他早已在几年前和一个女孩子走进婚姻殿堂，而且一直生活得非常幸福。

H恍恍惚惚地一个人回了家。她不明白为什么当年他说过的话不算数了呢？他说永远在这里等自己，怎么可以中途没打招呼就变卦了呢？

其实对在分手的那一刻前男友说的那句话不必认真，那不过是一时的情愫，所以才说出来那样的话。试想一下，谁又会为了谁白白地等上一生呢？可是H却天真地以为，总有一个人会心甘情愿地做自己人生的观众，只要自己愿意，随时可以拉他上来和自己演一出戏。或许真的有那么一个人，但是遇到那么一个人的概率似乎比中大奖还要低。

H因为对旧爱有着美好的回忆，又因为旧爱当年的"承诺"在心中有很重的位置，所以在自己的婚姻里总拿老公和旧爱作比较，然后看着自己的老公越来越不顺眼，甚至产生了离婚的念头。之所以她会不好好经营婚姻，甚至轻易放弃婚姻，不过是总觉得婚姻中有一个情感"备胎"，所以不珍惜自己手里的幸福，其实那个备胎不过是虚幻的海市蜃楼罢了。

很多男人都有着浓厚的大男子主义情节，多年后始终会有一种错觉，当年那个和自己恋爱的女友依旧是自己的女人，和自己还有着千丝万缕的联系，所以他们可以不负责任说出"永远等你"那样的话来，其实女人就当是一句戏言、一段台词来听好了。

刘若英在《后来》中唱道："后来我总算学会了如何去爱，可惜你早已远去消失在人海，后来终于在眼泪中明白，有些人一旦错过就不在"。有些人和事错过了就是一辈子，即便看似人还在，却已不再是当年的心

第三章 女人要做可爱的吸血鬼

境。所以,对于旧爱当年的那些承诺,也早已时过境迁,请仅当做一个美好回忆来看待吧。

再见亦是朋友

Y是一个年轻漂亮的白领,多才多艺。家庭幸福,事业有成。

她和自己的初恋男友每年都会见上一面。他们都各有家庭,各有事业,见面时会谈起自己的事业、情感以及家庭。她又要出新书了,他的专业是设计,对于新书的封面他给了她很多好的建议。同时他给朋友带来了他公司生产的新产品,希望她给予中肯的评价。他们会说事业的跌宕,也会说起从前的人和事。

有人问她初恋男友和从前比较,心地这么成熟、内敛还很帅气,这样保持每年一见面,有多少出轨的可能性? Y说一点也没有,有这样的好老公,永远也不会。Y说每年的一次见面就好像是一个年终的事业和生活的总结汇报。Y只当是一次总结汇报,不知道千里迢迢赶来的那个人把这一年一次的见面又当做什么呢?

对于他们的每年见面,Y的老公比较支持,并且给予了足够的信任。他会为他们提前在餐厅预定好房间,对方离开时Y的老公还会送给他一些特产。

但是,对方的妻子却非常反感他们这样的见面,不仅见面,即便是通话、短信都会惹得她醋意大发,闹上好久。

有人说Y的老公能够做到这一点是因为他是男人,男人都有博大的胸襟。

也有人说女人一般比较重感情,所以会常常吃醋。

我倒不这样觉得,Y的老公之所以这样做,是有相信作为强大的基础,他深知自己妻子的为人和道德水准,他知道他的妻子不过是在找一个合适的倾诉对象,叙一次旧,回忆一下年轻的时光而已。他清楚自己

姿态,女人的幸福密码

的老婆年轻、漂亮还有能力，很惹人喜欢。但是他非常自信，相信自己在任何方面都不输于那个男人。正是因为有这份"相信"和"自信"，这个男人才会表现得格外有胸襟，也让夫妻感情更加牢固。可以说他是自信的，更是睿智的。

　　而对方的老婆的做法是十分常见的。因为老公是自己的，只能像结婚证上的照片那样站在自己身边。既然人是自己的，在心里也完全不能允许出现别的女人。所以她不喜欢老公把事业的失意与得意和其他的女人分享，仅仅在是在电话里面她也不喜欢，更何况还要不远千里地专程见上一面。在她心里这样做不是什么所谓的叙旧与情怀，而是增加了外遇的可能性。这种源于因为对自己老公没有足够的信任，对自己也没有足够的信任，认为那个远隔千里的女人有足够的魅力让自己的老公忘记自己的角色与身份，做了对不起自己的事情。所以要防患于未然，必须将他们所有的联络都斩断，以绝后患。

　　真正自信、睿智的老公很少，我们见到的大多是吃醋的老婆。

　　但是随着年龄的增长、时代的变化，这种自信会存在多少年呢？

　　我很好奇，不知道其他的已婚男子如何看待这样一件事。我问过几个人，会不会让自己的老婆和初恋情人见面。有的回答去见吧，见就离婚。好好过自己的日子，有必要见吗？不过也是，正常的生活，有什么必要和初恋男友每年一见面呢？

　　初恋，旧爱，前男友，都是一个个很尴尬又很有故事的角色，他们陪着女人走过一段往日岁月，不论将来她们遇到谁，过着什么样的生活，他们都是女人记忆里不可磨灭的印记。

　　陈奕迅有一首国语歌，名字叫《好久不见》，里面这样唱道：我多么想和你见一面，看看你最近改变。不再需说从前，只是寒暄。对你说一句，只是说一句——好久不见。而在另一首同一旋律的粤语歌曲《不如不见》里面有段歌词又是这样的：像我在往日还未抽烟，不知你怎么变迁。似等了一百年，忽已明白，即使再见面，成熟地表演，不如不见。

对于旧爱，联络不联络，见与不见，每个人都有自己的想法。

我们要清楚，不论多么美好与留恋，过去的终究已成为过去，而我们目前正在经历的，才是最重要的。

第十节　女人要做可爱的吸血鬼

我未曾见过一个早起、勤奋、谨慎、诚实的人抱怨命运不好；良好的品格、优良的习惯、坚强的意志是不会被所谓的命运击败的。

——富兰克林

很多女人靠抱怨来缓解压力，类似男人靠烟酒来缓解压力一样，一不小心就会上瘾，戒起来很难。婚前，有着爱情的滋润，很少有女孩会不停抱怨，但是，随着婚姻生活的到来，柴米油盐、孩子尿布使女人渐渐染上了抱怨的毛病。不是抱怨男人没时间，就是抱怨生活不如意，渐渐养成一种惯性，总想靠抱怨来达到自己的目的，却偏偏失去了在家庭中的地位。

其实抱怨并不可怕，可怕的是一直喋喋不休。我们常常听到这样的说法：如果他好好地对我，我还会这么抱怨吗？如果他能勤快一点，如果他能多陪陪我，我还至于这样抱怨吗？结果，越想越生气，越来越把抱怨当成一个武器。结果一抱怨，孩子就溜之大吉，早早关上了卧室门，老公也不见了人影！空留她自己在那喋喋不休，仿佛一个永远也不满足的机器一样，一直抱怨着生活的种种不公平。长此以往，不仅仅自己失去了应有的魅力，连家人都会厌恶。所以说，抱怨既是缓解压力的武器，也是增加压力的包袱。

抱怨的女人总觉得命运不公平，以为家人对自己不够关心，同事们太有心计，小孩子不懂事，让她操心，似乎她在抱怨一切可抱怨之人。总之她什么都好，一路走来，都是别人不好，负了她很多。听她们抱怨的时候，我有时候会产生一种幻觉，莫非她们是苦大仇深？总也翻不了身？

静下来问自己，有没有对生活不满意过，有；有没有对某人失望过，也有；有没有觉得自己傻过，非常有。

但，我不抱怨。

如果有一个人，我不喜欢他，但我不会记恨，我会告诉自己如果你觉得他哪里不好，那么你就不要犯他那样的毛病，让你身边的人也讨厌你。如果我发现我不喜欢的那个人，其实还有很多人说他好，那么我会平心静气地来问自己，是不是看人太片面，过于偏激？是不是他有很多的闪光点而我蒙着眼睛不想去看？于是我会换一个角度来看这个人，找到让我欣赏的地方，然后我会向他学习他身上我所没有的优点。

我不是完美的人，我也清楚周围少有完美的人。每个人身上可能都有显而易见的缺点，但也很可能有难能可贵的优点。

曾经听几个女人攻击另一个女人，什么都做不好，只会撒娇，老公却把她当宝贝一样捧着，好像她的老公是个没见过女人的傻瓜一样。其实换一个角度想，为什么人家什么都不做，老公都愿意把她当情人一样地宠爱？而你什么都做，吃苦耐劳，老公却当你是老妈子呢？如果你不去攻击那个女人，不抱怨自己的老公，而是向那个女人学习一下，调整下自己的状态，让自己性格怡人些，不要因为家务做得多，就粗声大气地对老公颐指气使，不要以为老夫老妻了，就不收拾自己蓬头垢面，一身油烟味。想要人宠爱，就要值得宠爱的地方。哪个男人都不是傻子，他们心里都有自己的一个天平，在他心里觉得值得给你多少的爱与尊重，那么他就会给你多少爱与尊重。不要总觉得别人不好，自己是一枚旷世珍珠无人有慧眼，其实每个人都有自己的标准和感受，如果你抱怨别人没有慧眼，先要照照镜子看看自己是不是真的有自己认为的那么好。

这几年里不断地有人向我咨询很多问题：育儿的，婚姻的，也有情感方面的。起初我有些烦和累,时间久了,我越来越享受这样被人抓来当倾诉的对象。如果是我比较反感的自私的那一类人,我会告诫自己千万不要变成这个样子,让周围人反感;如果对方是个唠叨的怨妇类型,我告诉自己不要这样,让家人心累。也有时候,是遇到困难但依然坚韧的孩子妈妈,在她身上我看到了勇气和希望,让我在面对问题的时候也会有一个良好的心态;还有时候是一个有着孤单童年又遇到婚姻不幸的女人,我会告诉自己,我今天手里的这份看似平淡的生活,其实有多么幸福,一定要好好珍惜。

每一个人身上都有值得我们学习的地方,可能是闪光点,也可能是伤痕,甚至是缺点,只要静下心来,换个角度,所有人身上,都有我们需要的积极的能量。我们要努力把这些积极的能量吸收过来,就好像嗜血的吸血鬼一样舍得用力气。

作为女人,我们不抱怨,我们要有积极的态度面对周遭的人和事。

作为女人,我们要有一双善于发现一些积极能量的眼睛,并且努力吸收、学习过来,武装到自己身上。

所有的女人们,让我们远离抱怨,一起来做可爱的"吸血鬼"吧!

姿态,女人的幸福密码

第四章
世上有完美老公吗

这个世界上本来就没有完美,女人无法完美,男人更是无法完美,只要稍微了解一点男人的女人都会明白,几乎所有男人都是没有进化好的半成品,女人可以让半成品变成成品,也可以让把半成品变成废品。

这些,都靠女人的技术了!

第一节　谁敢动我的老公

婚姻就是一个漫长的旅途,一路上会遇到各种各样的人和无限的风景。

有时候你的婚姻美满,会引来别人羡慕,甚至嫉妒。不要紧张,也不要生气,美慕嫉妒恨是别人的权利,我们没有办法剥夺。但是,把我们自己经营的更好,让别人去美慕嫉妒恨,也是我们的自由,任谁也无法剥夺。

前段时间朋友和我说起这样一件事。她和老公给孩子去选择早教中心,拿了一大把宣传资料从早教中心出来。这时早教中心的前台工作小姐追出来又再一番介绍,看朋友夫妇没有马上决定的意思,这位小姐转攻朋友的老公。拉住朋友老公的胳膊摇来摇去,一口一句含糖量极高的"哥哥",完全不顾这位"嫂嫂"还在旁边呢！然后还和朋友老公要了电话号码，临别时还像韩剧女主角那样嗲嗲地来了句：再见，哥哥！

已经过了几天了，朋友在和我说起这件事情的时候依然还气愤难消。也是，哪个女人能忍受另一个女人在老公面前当自己为透明人呢？我想起当年台湾艺人陶子说起她和李李仁的交往，李李仁在和陶子结婚前没什么名气，但是陶子对老公不是一般的好，甚至可以放弃做主持人的机会，只是为了陪几乎没有得奖希望的老公走一次红毯。对他好是一回事，但是再好眼里也不能容沙子。陶子提起他们参加一个活动的时候，一个年轻漂亮的模特主动和她老公搭讪，后来竟然完全不顾及陶子在旁边，拉着她老公的手就开始撒娇。陶子看不下去，马上怒不可遏的"啪"的一下把那个女人的手给打了下去，并告诉对方：他是我的男人，不要和他撒娇！

这件事要是换作我，也会这么做，而不会像朋友那样自己生闷气。不论对方年龄几何、姿色几分，都别想当我为透明人！这个男人是我的老公，我可以拉着他的大手撒娇，可以把胳膊环绕到他的颈后打秋千，也可以扯他的脸使小性，但请记住那都是我的特权，换了我，哪一个也不要痴心妄想！

不过作为女人，作为男人的妻子，我们也要想一下对方为什么敢在妻子的面前明目张胆地"动"她的老公？她们或者比我们年轻，或者比我们貌美，比我们更有魅力，所以她们敢视男人身边的妻子为透明人。

"年轻"是一个人的整体状态，不完全指的是生理年龄，很多女孩子才三十岁出头，就已经显出了身体的颓态，这种年轻不是真的年轻，也不会吸引人。所以为人妻的我们要知道除了这个家庭和老公以外，还有一个大世界！我们必须经常读书，看杂志，要关注流行的、时尚的，不可以别人说起什么新鲜玩意或者理念你一脸愕然，什么也不懂！你可能无法制造潮流，但是慢几拍的跟上潮流还是必要的。

可能已过而立之年，但是只要你有一颗好奇的心，爱学习的好习惯，你便会呈现出一个年轻向上的状态，此时的你不论年龄几何，都是年轻的。

至于"貌美"，大家都知道一句话——没有丑女人只有懒女人。其实社会对于女人已经很宽容，个子矮的叫"玲珑小巧"，高的叫"亭亭玉立"，小嘴的是"樱桃口"，大嘴巴的是"性感"，短发"精干"，长发"飘逸"，总之不论什么形态的女人都有她的动人之处！既然社会如此厚爱我们女人，我们就更没有理由放弃自己了！前年冬天我太放纵自己的嘴巴，吃过了饭无事可做，坐在沙发上疯狂的吃各种零食，吃冰激凌，还喜欢喝可乐。每天照镜子，没觉得怎么样。春天和朋友见面，大家都惊呼我变样了！我竟然胖到了60公斤！我妈讽刺我已经没有腰了！后来我开始规范我的饮食，坚持做瑜伽，在不挨饿的情况下将体重控制到了50公斤！清晨起床的腰围是一尺九，一般情况下是二尺。前段时间和老公上街，我对他说是不是很骄傲？没有你老婆穿不进的衣服。我老公瞪了我一眼说：你现在太费钱了！

每个男人不一定都奢望自己身边的老婆是九头身的模特身材，但是起码在人群中要处于中上水平。不然在试衣服的一刹那，不仅女人为身材自卑，身旁等待的男人会觉得更加自卑。

至于"魅力"，如果你"年轻"又"貌美"，善于装扮又热爱学习，同时还有自己的小小事业，那么你的身上自然有一种无法掩饰的迷人气息散发出来，挡也挡不住。这就是你的"气质"，也是你的独特魅力。

如果你年轻、貌美，同时又很有魅力，那么你站在老公的旁边，就不是一棵缠绕的凌霄花，而是和他并肩的木棉。你自然有一种气场，其他的藤蔓看到你，必然自惭形秽，唯有退避三舍。

为人妻子，为了家庭我们要不断地完善自己，尽量以一个比较完美的状态呈现在人前。我们没有兴趣窥视别人的家庭，但是谁也不能窥视我们的老公。

如果谁敢动我们的老公，可别怪我们不客气了！

各位凭借美貌来窥视别人老公的人请注意了，你们要把手放在你们该放的地方。如果敢拉着我们老公的胳膊摇来晃去地撒娇，我们做妻子的一定要像陶子那样，"啪"的一下打过去，瞬间让你拥有一个"五指山"！

不信的话，就放马过来，看看谁的道行高！

第二节　老公为什么会成为妻子的"眼中钉"

很多女人不明白，为什么婚前那么能干的一个超人，婚后几年后变得非常懒惰、无能，甚至一无是处了呢？是自己的要求变高了？还是他这个人退步了呢？

难道，自己看走了眼

记得有次看电视上沈丹萍的访谈，她说起和自己的外国老公相处的点点滴滴。当时她生了两个女儿，繁重的家务压得她每天心情烦躁，几乎天天和老公发脾气。有的时候看她在厨房里面忙，她老公过来问她用不用帮忙，他就很烦躁地摆着手让对方快出去，因为老公往往是"越帮越忙"！慢慢地她老公再也不愿意进厨房了，因为自己的好心常常遭到一顿斥责。沈丹萍说那段时间好像得了忧郁症，忽然觉得生活变得一团糟，看什么都不顺眼了。

主持人问她后来怎么有了这么大的改变，她说自己无意中看到了一篇文章，说的意思是如果一个单身女人，已经过了三十五岁，还带了一个男孩，那么她未来的婚姻之路会非常艰难。于是她马上想到了自己，虽然她不是带了一个男孩,但是她有两个女儿,她觉得如果自己一直把坏情绪带到婚姻里面,有一天自己一定会变成一个带着两个女儿的单身女人的!当她意识到这个问题的严重性之后,特别害怕,于是尽量调整对老公的态度,因为换了一个心情来面对生活和事业,相反一切都顺利自然了。

其实,沈丹萍这样的经历很多女人都曾经有过,因为有了孩子以后,家务事变得忽然多了起来,孩子生病吃什么药?夜里几次小便属于正常?多大的时候开始上早教课?而男人又不是百变超人,很多事情他们处理的没有我们期待的那么好。所以女人看老公,有时候会越来越看不顺眼。

上周我去看望一个老朋友,在她那里遇到了一位年轻的孩子妈妈。寒暄过后,原来这位妈妈也认识我。可能我年长几岁,聊了一会儿后这位妈妈就和我说了她的烦恼事。她和老公都有一份高收入的稳定工作,孩子不到一岁,很可爱。但是她说她的老公很懒很懒,家务事是干啥啥不行。她不仅要伺候小孩,还要伺候老公,一天下来,累得不得了。而且老公一点不理解她的苦处,还总抱怨她做得不够好。说到伤心处,我看到她的眼泪在眼圈里转,甚至说出想要离婚自己带孩子生活的话来。

如果孩子爸爸什么都不做,甚至还挑三拣四,那好像还不如没有这个形同虚设的爸爸呢!

我就问这位妈妈,没有孩子前他什么样子?是不是因为有了孩子他有了很大变化?她回答说没有,她老公一直都是这个样子。然后我问她那为什么没有孩子之前你不讨厌他呢?她无语了。

她的老公有没有问题?一定是有的,从老公过渡到父亲,没有及时完成角色的转变,导致妻子很失望。

但是,吃苦耐劳的妻子就没有问题吗?当然有,而且还是大问题。

首先,她没有给老公以充足的时间去适应父亲这个新角色。很多男

人在做爸爸前，都会乐观地想孩子就是开心的时候逗他玩玩，总是那么乖巧。等到真的做了爸爸，才知道完全不是那么回事，孩子不会以你的意志为转移，你想休息他偏偏不睡觉，你想看会书，他那边又要大便。很多男人没有好的耐心，或者耐心不够。因为性别差异，大多爸爸对孩子的感情和妈妈不同，因为孩子在妈妈身体里十个月，已经和妈妈很亲近。所以一旦孩子来到这个世界上，大多数妈妈很快就会实现角色的转变，爱上这个孩子，并且无怨无悔地为他付出一切。但是父亲不同，他们会从初见孩子的惊喜变得无所适从，甚至烦躁不安。孩子哭闹只要吸吮到妈妈的乳头就会马上安静下来，但是无论爸爸怎么抱他可能都起不到安抚的作用。所以，要给老公足够的角色转化时间。

可能有的妈妈会说，那为什么别人的老公很快就能转变过来，无微不至地照顾宝宝呢？那有什么办法，人和人之间的个体差异是非常大的，既然我们遇到了这样的老公，我们就要安下心来因材施教，不能单纯因为他角色转换的慢就把他 PASS 掉吧？

其次，有了孩子以后，她没有给老公足够的关心。这个毛病很多妈妈都有，总觉得自己累，她希望老公下班回家就能够把孩子的所有事情都揽过来，自己也可以上上网、看看电视。可是男人工作了一天也觉得累，他也想找一份安静的空间，所以带小孩变成了老公一份类似加班的工作。想想做一份无偿的加班，谁也不会心甘情愿地去做。一个男人回到家，看到一个蓬头垢面、满腹牢骚的妻子，一个哇哇哭的孩子，还有一堆的家务，谁的心情能好呢？于是老公在洗衣服的时候表现敷衍，看孩子的时候也有些不耐烦，妻子就生气了，我都看了一天孩子了，你就看这么一会儿还有什么不耐烦的？

没有孩子以前，妻子会温柔体贴地照顾老公，但是有了孩子以后妻子几乎将所有的精力都放到了孩子身上，所以，老公也觉得非常失落委屈，他失去了妻子的关注和爱。但是妻子不这么想，她觉得有了孩子以后，两个人都应该关注孩子。这时候两个人的观点分歧，会生出矛盾。妻子觉得老公不够爱孩子，老公觉得妻子不够爱自己，互相都有怨气，又怎么能和睦相处呢？

我问这位年轻的妈妈：如果离婚后，你是不是一定争取孩子的抚养权？一定会再婚？她点头。我又问她，你老公可能不会照顾小孩做家务，但是他毕竟是孩子的亲生父亲，你能保证继父对孩子就一定会好吗？你能保证下一任老公就一定是完美没有任何缺点的吗？她没有回答。

我们谁也不能预料下一次的婚姻会遇到什么样的人，但是我们知道这世界上根本没有完美的人存在，他没有这个缺点，肯定就会有那个毛病。与其期待下一个会好，不如把眼前这个男人调教好。不管怎么说，他是不是所有的收入都放到这个家庭中来？是不是只是不细心而没有虐待小孩？她点头。

不论怎样，他都是孩子的亲生爸爸，这个是谁都代替不了的，更何况他也没有本质上的缺点。

听我说完这些，她不好意思破涕为笑，可能她也想到了老公的种种好处，眼神也柔和甜美起来。要做一个有耐心的智慧女人，不仅要有化腐朽为神奇的技术，还要有等待的那份耐心。

谁的婚姻都不是完美的，向往完美婚姻的人一定会撞个头破血流。

那些觉得自己老公浑身是毛病的女人必须要小心了，你今天把他当做"眼中钉"，看他事事都不顺眼，早晚有一天他就会把你当成"肉中刺"，直接拔掉！

第三节　在婚姻里，你会怠惰吗

在婚姻中，两个人长期朝夕相对，难免会有磕磕碰碰。有时候因为一两句话，结果你不让我、我不让你的，就变成了一番争吵，事后回想起来，其实也没多大的事。

吵架，需要两个人都要坚持才能够吵下去。如果其中一个人软一点、绵一点，对方的愤怒情绪好像一挥拳打在棉花包上，很没有趣味，这样子，爱吵架的人也不想吵了。

但生活中往往都是你不让我，我不让你。都会想凭什么我就要"软一点"呢？凭什么一定让我先说好听话呢？

其实，在婚姻里的输赢重要吗？

输给你爱的人，有那么不能接受吗？

细细想一下，有时候，输的那一方可能才是真正的赢家。

女人总是习惯听男人的甜言蜜语，却不曾对男人说过什么自感"肉麻"的话。其实，男人和女人一样，也爱听甜言蜜语。会说话的女人懂得适时地把自己的甜言蜜语送给他，博得他的欢喜和宠爱。用女人的好口才向你心爱的男人表达爱意，重要的不是知道他喜欢听什么，而是要了解你身边的男人究竟是怎样的一个人。只有找到了问题的根源，才能手到擒来，轻易收服男人的心。

有人说，在爱情面前，男人较之女人要更希望听到来自对方爱的表达。在现实生活中，男人作为家庭或者说未来家庭的保护神，除了承受着社会、家庭、爱情等方面的压力，还要不时迎接自尊给他们带来的挑战。因此，一个男人不管不顾地陷入爱情的时候，也是他最脆弱的时候。在这个时候，女人一句美言就能让他备感关怀。

有一次晚上我有事情，回来晚了。不巧的是我的两部手机都同时没电了，老公给我打电话打不通，就给我朋友打电话，朋友说我已经离开了。回到家已经是晚上十点了，一家人都没睡等着我呢。我看老公脸色不太好看，一副不想理我的样子。于是我走过去，拉着他的胳膊说：你是不是生我气了呀？老公的脸色瞬间发生了变化，说没生气，只是担心你。我说我这么大的人能有什么事呢？然后雾散云开。如果晚上我回家，知道他给我几个朋友都打了电话，我觉得没有面子生气地和他理论，那么我们吵一个晚上也不会有任何结果。我回来晚是事实，我的手机没有电了也是事实，但是这些都不是我有意而为之。他给我的朋友们打电话也不是故意张扬，不过是担心我的安全。所以，站在他的角度上想真的可以理解了。第二天，我朋友发短信和我开玩笑说：小桥，昨晚挨揍了吧！我回复她：百炼钢皆化绕指柔。后来朋友说若是我家发生点什么事情，不用为我担心，因为我不是认死理的犟人，会甜言蜜语地忽悠！

我一直不觉得自己是会说话的人，而且嘴巴还挺笨的。

前几天我和儿子聊天，他说我是漂亮妈妈。我问他妈妈哪里最漂亮？他说妈妈没有最漂亮的地方。我佯装生气地说没有最漂亮的地方，还叫我漂亮妈妈做什么？儿子贴过来说：因为妈妈哪里都最漂亮，所以就没有最漂亮的地方了！说的我心花怒放，跑去和老公说：这孩子太会忽悠女人了，像谁呢？难不成像我老公？老公看着我说：我不会忽悠，没有你儿子的深厚功力！我说那这孩子像谁呢？老公说：像谁？就像你！我觉得冤枉，自言自语：我也没把哪个男人忽悠得晕头转向呀！老公瞪着我说：还说没有！整天把我忽悠地迷迷糊糊的！

有吗？真的有吗？静下来想想，好像真的有点。

早上我老公最先起床，准备早饭，然后叫我和儿子起床。我们两个起床后基本都是半清醒地在卫生间里各忙各的，有时还开个玩笑什么的。有一次老公猛然推门到卫生间，说你们两个能不能不磨蹭？我和儿子互相看了一眼，撇了撇嘴巴，没出声。然后他很无奈地看着我们说：唉，要你们两个有什么用呢？我马上微笑着对他说：有用呀！有我们两个存在可以衬托得你很完美呀！听我说完，他马上笑了，那一刻我知道，我们在他心里，真的是甜蜜的负担了。

老公上班比我们早，每天我和儿子吃早饭的时候老公已经出门了，有时候我拿着面包片站在阳台上，看着他过马路的背影。然后我大声喊：嗨！他转过头，我挥手和他说再见！然后我儿子马上也跑到阳台来，大声说：老爸，再见！我老公在那里站着和我们说完再见，和我们挥挥手，摇摇头，用手指指我们两个，转身上班了。我知道他看见我们两个的时候他在心里准是又叹气了：怎么摊上这么两个活宝呢？

其实我一直都挺倔的，不爱说话，也不会说好听话。要是说难听话我很厉害，语言犀利得像炮弹，一个子弹消灭一个敌人。

有一次我加班，回来很晚，老公把晚饭热好后陪我一起吃饭，我很奇怪。他说怕我一个人吃饭没意思，所以他做好了晚饭也没和家人吃，等着我回来一起吃。当时我很疲惫，工作弄得心烦，就说以后你不用等我，自己先吃吧。他马上不高兴了，说了句以后再不等你吃晚饭了，然后一晚上几乎不说一句话。后来我自己想了想，的确是我的问题，一样的话非要冷冰冰地说出去，让人心凉。既然是家人，要共度一生，所以一定要顾及对方的心理感受。有时候是一两句话，一个动作，对方都会觉得你很在意他。

后来我尽量做到下班回家后换了衣服，洗了手后直接走进厨房问是不是需要我帮忙？如果需要我就进厨房，如果不需要我就去和儿子聊天说当天在学校的情况。如果我削了一个苹果，先让儿子给爸爸送过去。如果我做好一道菜，先用筷子夹一口递给我老公，我觉得这个不是简单的忽悠，而是一种感激和在意。

不要因为生活在同一屋檐下，老夫老妻了，就不在意你平时的语气和态度；

不要因为自己不比他赚得少，对家里的贡献也很大，就粗声大气的说话；

不要因为自己心烦很累，就对老公不理不睬、冷言冷语。

他们是顶天立地的大男人，但也有一颗敏感的心，很在意自己在妻子心里的重量和地位。如果每一个家庭都没有墙壁，我们可以清楚地看到，哪一个被老公视如珍宝的妻子不是千娇百媚、柔情蜜意的女人？

所以，不要抱怨老公不像个男人，没担当，不知疼知热，请你走到镜子前，看着镜子里面的那个女人，是不是真的像个女人。

第四节　世上有完美老公吗

恋爱的时候,男友的一个温柔眼神,一句温暖话语,就会让女人感动,继而想和这个人共度一生。

婚后,朝夕相处,太多的零距离接触,日子久了,才知道这个曾经让自己无限感动的男人并不符合自己的心意。于是,女人困惑了,为什么是他呢？为什么他和自己期待的样子相差这么远呢？

前段时间一个年轻妈妈给我打电话诉苦,从头至尾一直都在说她老公的不是。其实她的老公没有什么大问题,只因为他是一个事业型的男人,没有太多精力关注孩子的成长和教育。因为我一直倡导让孩子的爸爸加入到孩子的教育中来,所以这位妈妈记住了,要求自己的老公也要每天陪着孩子做游戏,睡前给孩子讲故事,可是老公每天回家很晚,非常疲惫,她便觉得老公是在敷衍孩子。常常是老公和孩子一起看电视,孩子倒是不闹,但是一直看电视对孩子也没有好处呀！最让她生气的是孩子要上幼儿园了,她老公竟然说让她自己去给孩子选幼儿园,说是把权利都交给她了。这位年轻的妈妈感觉她老公一点也不关心孩子的成长,这样的父亲不要也罢！

听她说完,我打趣她之所以把自己老公说得如此糟糕,难道是怕别人惦记吗？她笑了。我说既然如此不堪,干脆把他 pass 掉好了！她急忙说不好,因为她老公品质好,还知道努力赚钱养家！

是谁在变化？

很多女人都如此,只看见自己老公一身的缺点,不求上进、不温柔体贴甚至还没有良好的卫生习惯。每每看见不停数落自己老公的女人,有时候我甚至想她们当年是不是被逼着结婚呢？又被逼着进入了洞房？怎么一个好好的大男孩结婚几年甚至十几年后就糟糕得一无是处的了呢？人还是那个人，没多大变化，那么，是什么改变了呢？

是女人的要求有变化了。

有了孩子，生活开始区别于二人世界。孩子的到来，需要老公努力赚钱，需要老公拿出很多精力来陪孩子长大，需要在人生抉择时刻让老公拿出男人气魄来！女人甚至还需要每一个纪念日老公都记得，能够制造出不同的浪漫惊喜。还需要身体健康、体魄强健、阅历丰富、温文尔雅、体贴入微，还能够有英雄气概，关键时刻可以力挽狂澜。这样的人有吗？或者有，那么一定是 superman！

每个人都是有缺点的，如果我们对着镜子审视自己，一样也不完美。

每个男人都有自己的优点和缺点，不同的男人在不同的女人眼里都是宝贝，如果你觉得你的老公有问题，那么很可能真正存在问题的是你欣赏的角度和眼光。

如果你觉得老公真的是一无是处了，那么也请不要每天唠叨或者冷淡他，不要委屈自己，马上离开他。因为在这世界上的某一个地方一定有一个真正懂得欣赏他的女人存在，不如让她来代替你在你老公身边"受苦受难"吧。

老公真的有问题，怎么办

这位年轻妈妈的老公，在教育孩子的观念上的确有些问题，他觉得赚钱养家是他的事，教育孩子是女人的事。他希望每天回到家，就能够看到一个聪明可爱的孩子和一个安静温馨的家。他的想法当然是不对的，我告诉这位妈妈要心平气和地对老公说：你是一个很好的男人，但是你距离完美男人只有一步的距离。如果你跨过这一步,你就是一个完美男人了!尽管每天回家很累,但是陪伴孩子不是一件耗时间的事,可能你每天只陪伴孩子十五分钟,但是这十五分钟你是全心投入的,不是敷衍,不是和孩子一起看电视或者你在旁边讲电话,而是高效率的十五分钟,那么你就是一个用心的父亲了。

谁都有自己的问题,只要大方向上是好的,小毛病我们不怕。

你对你的老公说:你距离完美男人只差一步,我相信几乎所有的男人都会勇敢地迈出那一步,努力去做妻子心中的完美男人。

女人要调整自己的心态

曾经有妈妈问我:小桥姐,我们女人怎样才可以感觉到更幸福?我告诉她只要我们把给对方定的标准降低一些,把心灵和对方靠近一些,我们就更容易幸福。

如果发生了问题,不急躁,尽量努力站在对方的角度上去想问题,而不是一味地站在自己的角度上,怎么想都是自己对,看对方一身的错。

把标准放得低一些,把心向对方的立场更靠近一些,你会发现自己其实很幸福。

这世界上真的没有完美的老公,别人家的老公看似完美,其实也不完美,甚至可能连你家的老公都不如。

其实女人自己心里比谁都明白,只是有些时候自己和自己较劲。

如果不想分开,那么,就积极地去经营婚姻吧!

第五节　学会欣赏自己的老公

电视剧《蜗居》里面,海萍骂苏淳无能;宋太太恨宋思明喜新厌旧;海藻怨小贝"见死不救"。各式各样的男人，好像都不是女人中意的老公。

我们女人经过深思熟虑、千挑万选并与之步入婚姻殿堂的那个男人，时间久了，却发现那么不尽如人意。

海萍和苏淳是大学同窗，有着很好的感情基础。一间小小的房间里面盛满了浓浓爱意，他们有憧憬有梦想，所以当下的一点点苦都可以忽略不计了。可是随着孩子出生，问题接踵而来，在钱和房子面前，曾经的小鸟依人的文学女青年变成了河东狮吼的妇人。在那个曾经柔情蜜意的小房间里，她没完没了地抱怨老公无能，一点小事就会数落他大半天。她说老公抽一辈子的烟会抽掉她半栋房子。为了能够买上属于自己的大房子，尽快地和孩子团聚，她不断地找工作，希望多赚些外快以改变家庭经济状况。可以说是她的窝囊老公将她变成了一个强势的女人，她越强势，就越显得老公无能。因为海萍对老公不满意，所以时不时地苏淳就要受她一顿劈头盖脸、暴风雨般的数落。

接下来我们说另一个不为房子、钱财发愁的已婚女子——宋太太，她对自己的老公也是不满意。因为她的老公不只是提供给她衣食无忧的生活、令人尊重的地位，还附带给她一个情敌让她来竞争。她说自己为了家熬成了黄脸婆，结果到头来还遇到了一个"没胸、没腿"的小三。她怨这个男人没良心，忘了自己和他过苦日子的那些时光。于是她愤愤地计算过成本，觉得离婚到底还是件亏本的事，不能让自己耗尽辛苦换得的珍珠挂在别人的脖子上。她决定就这么耗着，到老了还不就是个伴？

每段婚姻的开始都源自爱情，每个女人都是心甘情愿地步入婚姻。

可是婚礼过后，起初的甜蜜爱意慢慢沉淀下来，柴米油盐却像洪水一般扑面而来，让人招架不住。尤其是有了小孩，一切都变得紧张局促，钱不够花、屋不够住、精力不够使。买房子，选幼儿园，找好学校，如果男人能够三头六臂、呼风唤雨，一切还都不是问题，如果遇到一个老实本分的老公，什么事情都要女人拿主意，都要女人冲在前头，女人心里自然不快，她需要一个在精神上和肉体上都可以让她依靠的男人。想想自己的日子，她便万分委屈，觉得自己活得不像是一个女人。她便把这满腔的不快都发在这个窝囊废身上，好像一切都是因为他，自己才这么奔波劳顿、狼狈不堪。她便羡慕那些有着优秀老公的太太们，过着养尊处优的生活，凡事不用操心，一切自然水到渠成。

可是如果有一个有能力的老公，日子就真的事事顺心了吗？

也不一定。你的老公是个有能力的优秀人才，你看着好，别的女人也会眼馋。于是每日里你需死看死守，就怕被哪个狐狸精下山摘了桃子，将他占为己有。几年的围追堵截下来，自己弄得是身心俱废。守着偌大的房子，一个人没有滋味地吃着晚餐，你便想宁可他不是那么优秀，只要下班按时回家就好。你们一起做饭、做家务、聊孩子，甚至拌嘴，这才是一个女人应该过的生活。有烟火的家才是真正的家。

得了 A 的女人会向往 B，拥有 B 的女人又无限怀念 A。
人是矛盾的，结了婚的女人更是矛盾。
其实，女人和谁结婚，都会经历后悔。

因为任何一个男人都不会是完美的，就像我们自身也有缺点一样。

我们在辛苦培养一个男人的同时，就好像在做一次投资，不要只想到那些风光的结尾，也要知道风险往往和利益并存。

结了婚的女人，怎样才能不后悔呢？
首先改变我们的心态，要知道生活的真谛是什么。在培养老公的同时,也不要忘记丰富自己,要知道,没人在乎你是为谁变成了黄脸婆。人家只看到你最终变成了黄脸婆。其实在婚姻伊始,没有任何一条法律规定女人必须为了家庭付出一切,所以你一定要有自己的兴趣爱好、社交群体,不然不只你的老公、孩子瞧不起你,终有一天连你自己也会嫌弃自己。

善待别人,也要善待自己。

有时候当你不满意你的老公时,请你小心,或许你眼中的蒿草正是别人眼中的宝呢!

女人需要爱,男人需要尊重

W 是一个从事艺术工作的女人,年轻能干、面容姣好。她的老公追她的时候,千般万般地对她好。婚后的老公一直保持着追求她的热情,洗衣做饭全都包了,对 W 的父母也是比自己的亲生父母还要好,大家都说 W 有福气,难得她老公是这样婚前婚后都始终如一的男人!

但是 W 依旧是从前的清高样子,她觉得自己的老公从相貌到学识都配不上自己,自己和他结婚,不过是因为他对自己太好,说起来有点鸡肋的意思,食之无味弃之可惜。加上年龄一天比一天大,曾经的那些追求者也都纷纷退去,组成了家庭,所以 W 才会和他结婚。W 还提出不生孩子,因为她不想过早地担上孩子的负累。

W 一直喜欢才子,就像电影小说里面一样,一个眼神,胜过千言万语。可是她的老公太俗气,除了做她爱吃的饭菜和自己工作上的那点事以外,好像什么都不懂。后来 W 因为工作原因认识了一个居住在另外一个城市、写过几本书但没什么名气的作家,对方和她交谈的时候引经据典、高谈阔论,而且对她百般呵护和温柔体贴。忽然 W 觉得作家就是那个她心里一直想要的人,于是回到家里看着自己的老公越来越不顺眼了,怎么都不对劲,横挑鼻子竖挑眼,她老公只是笑嘻嘻地忍耐着。

时间一天天过去，W一有时间就去作家的城市和他约会，而对于自己的老公却越来越冷淡。W憧憬着有一天自己会成为作家名正言顺的太太。直到她发现和作家保持密切关系的不止她一个女人！当她质问作家玩弄她的感情的时候，作家的态度让她觉得自己卑微到了极点，对方说她不过是自己送上门来的，谁会放过到嘴的食物呢！

　　回到家里，看着凌乱的房间，冷冷的厨房，老公没有像从前那样做好了饭菜等她，甚至到了晚上九点还没有回家。她发现有点不对头，忽然想起近期老公好像常常晚回家，不过是因为自己的心不在这个家里，所以她根本不在乎老公在做什么，只要老公不管她，她哪里还在乎老公在干什么呢？

　　于是她拿起手机给老公打电话，结果传来"已关机"的声音。深夜老公回来了，W饿着肚子质问老公哪里去了，怎么下班不回家呢？自己还饿着呢？老公说你自己不会做饭吗？难道你没有双手吗？她一时说不出话来。是呀，自己也可以做饭的，可是已经习惯了饭来张口的生活，就是进了厨房都不知道装米的袋子在哪里。她觉得老公怎么可以这样，自己对他来说相当于"金枝玉叶"，怎么能这么怠慢呢？她拉着老公的胳膊撒娇地让他去做饭！没想到对方用力把她的手甩开。告诉她这日子自己已经受够了，还是离婚吧！她觉得老公不过是吓唬自己，这么辛辛苦苦追求来的好老婆他怎么舍得离婚呢？她不甘示弱地说那就离好了！

　　第二天，当她在民政局门前看见老公真的出现时，她才知道他不是在开玩笑。她死活不肯，但是老公心意已决。他觉得和她生活的这几年里，她一直像一只清高的白天鹅，不食人间烟火，高高在上。她老公也是人，也是一个普通的男人，谁也不愿意在婚姻里面永远低着头，永远不被人放在眼里，放在心上。

　　她哀求老公不要离婚，自己可以改。她知道老公喜欢小孩，就对他说自己也可以生一个小孩。老公推开她说不麻烦了，他爱上了另一个女子，人很平凡，但性格温和，对他特别照顾，让他觉得自己是一个真正的男人。

W觉得天都要塌了,她无论如何也没有想到,自己这么看不上眼的老公,竟然还有婚外恋?竟然还有女人死心塌地地爱上他?

W的故事告诉我们,不论这个人好与不好,一旦和你走进了婚姻,你们就是平等的,一时的宠爱和娇惯谁都能够忍受,但没有一个人愿意在婚姻里永远处于弱势。

在婚姻里,女人需要爱,男人需要尊重。

女人想要得到男人的爱,就要付出同等的尊重。

要学会欣赏自己的老公。你看着平淡无奇的老公,或许在别人眼里偏偏是难得的珍宝。一旦你脱了手,就悔不当初了。

第六节　打死我也不离婚

我的一个女友的婚姻出现了问题,她和我每次见面都要数落老公的种种不是。其实,她的老公就是一个平常人,有很多优点,也有很多缺点。但我的女友是个非常要求完美的女人,不很懂得迁就和包容。当她和我说起她的家事时,一个细节引起了我的注意:在她和老公吵架的时候,她的婆婆掐着腰指着她说:离了婚以后我儿子照样找大姑娘,你就得找岁数大的老头子!结果我朋友一赌气,迅速办理了离婚手续,争取到了孩子的监护权。后来我的女友遇到了现在的爱人,年龄相仿,但是方方面面的条件和前夫差距很大。女友非常珍惜这次婚姻,这份珍惜里面有迁就,迁就里面甚至已经有了讨好的成分。前几天孩子要去冬令营,女友觉得只是几天时间,就要花几千元钱,不值得。但是她的老公说既然孩子喜欢,就让她去吧。因为对方的这句话,女友感动的要流泪。她说毕竟他不是孩子的亲生父亲,能对孩子如此,知足了。

其实,如果第一次婚姻不折腾,好好珍惜爱护,这么懂得知足和感恩,哪里会有这些麻烦事?

如果对方是一个单身男子,谁愿意找一个有过婚史带着小孩的单亲

姿态,女人的幸福密码

妈妈呢？如果对方也是一个离异男,谁又愿意帮着别人养孩子呢？如果对方同样是一个带着小孩的失婚男子,这样的重组家庭又会是怎样的走向呢？重组家庭家里的钱放在一起用,还是自己赚的钱养自己的小孩？如果两个人分别养自己的小孩,那么这样还算是过日子吗？现在的重组家庭很多,又有几个重组家庭能过得像《家有儿女》那么默契、和谐、美满的？

一个离异的男子很可能和一个未婚年轻女子再次步入婚姻,而女人就不同了。如果遇到一个年纪相仿的离异男,那是好运气了。和一个大自己七八岁的男人重组家庭,是再正常不过的事。而如果有一个条件相当的未婚男子爱上自己,并愿意和自己共度人生,那就相当于中了巨奖吧！大家都会觉得此女的道行,不是一般的高!

看过很多男子征婚的要求都有这么一条:离异带一女孩亦可。就是可以接受带一个女孩子的单亲妈妈,但是不能接受带个男孩的单亲妈妈。为什么呢？事情明摆着的,现在的社会,男孩子要受好的教育,要结婚准备房子,这都是不小的开销。而且随着男孩子越来越大,身体和心理逐渐强大,继父的压力也会越来越大。而带个女孩子就不同了,学习好坏不用太操心,将来结婚嫁人也没有多少大的开销。所以,很多再婚男子都会在经济上考虑得多一些,和男孩子比较而言,男人更喜欢给女孩做继父。

也就是说一个单亲妈妈想幸福地再婚很难,如果是一个带着男孩子的单亲妈妈想要幸福地再婚,就是难上加难了。

那些手里握有美好婚姻的女人,一定要继续好好经营,让这婚姻尽量长久。

面对问题婚姻的女人,要仔细研究婚姻中的问题,不要轻易地想到离婚。离婚的确痛快,一了百了,但是后面的问题更会层出不穷。就像一个人生病了,医生会选择积极治疗,而不是直接给他实施安乐死。婚姻也是如此。

如果你为维系婚姻做出了种种努力，的确到了无法维系的程度。那么，趁早离婚吧，不要在一棵树上吊死，快去买上几件漂亮衣服，然后摇曳生姿、千娇百媚的开始新生活吧！

● 第七节　你有勇气做那个用竹篮子打水的女人吗

你知道以前的女人为什么年纪不是很大就弯腰驼背吗？因为年纪大了，钙质流失导致骨质疏松，所以身材不如年轻时候挺拔。可是为什么弯腰的女人多，而弯腰的男人却不多见呢？我想这是不是和女人长期从事繁重家务劳动有关系呢？女人用手搓洗衣服要向前弯腰，擦拭厨房依旧要弯腰，拖地板要弯腰，切菜炒菜还是要弯腰，久而久之，女人的腰身渐渐地弯了下去，再也挺拔不起来了。

我有一个做全职妈妈的朋友，每天买菜做饭，晚上辅导孩子功课，一天到晚，忙得团团转。她老公觉得她真是太享福了，不用朝九晚五，也没有职场的压力，想吃就吃，想睡就睡，简直是神仙一样的生活。所以，她老公每天对她指手画脚、颐指气使，那架势好像他就是她的衣食父母一样！的确她自己一分钱的收入也没有，吃他的、喝他的，就连用的也是人家的，看来，夫妻间也存在吃人嘴短的问题。

终于有一天她下定决心重回职场，从前井然有序的生活忽然陷入了一团乱麻。家里的男人迫不得已地做了一天"家庭主夫"——做饭、送孩子、买菜、陪孩子写作业，一天下来，他觉得比上班还要累上几十倍！一段时间过后男人恳求她回来，她说她还要慎重考虑一下再决定。

刚做妈妈的时候，我也有过三年全职妈妈的经历。我知道家庭主妇虽然不用上班辛苦赚钱，可是每天也一样忙得团团转。几乎每天早上都像是一场战役，起床、准备早餐、叫醒孩子、送孩子去上学，然后匆匆回到家，打扫战场。中午，简单地吃一点东西，然后就开始为晚饭的内容发愁。超市里那么多种蔬菜，眼花缭乱，可是就是不好确定哪一样要出现在我家的餐桌上。这种菜老公喜欢，但儿子不喜欢，儿子喜欢的那种蔬菜昨天恰巧又吃过了。不知道今天孩子在学校的午餐是什么，晚餐的内容坚决不能和午餐重复。如果在餐桌上，看着家人狼吞虎咽，我还开心，如果看着家人的筷子在各个盘子上犹豫、游走，我心里很不是滋味，好像愧对了家人，白白地在家待了一天，连顿晚饭都做不好。

其实，在家做一天的家庭主妇，比上一天班还要累上许多，可是却一分钱也不赚，好像是这个家里吃闲饭的人。

我很愿意做家务，喜欢做饭、洗碗，研究新菜式。可是当这种"喜欢"变成了一种义务时，人的心灵上就会疲惫不堪。我想在特长班的门外，那些皱着眉头的妈妈百分之八十都是在思考晚餐的内容吧！

有时候周末女人在家里打扫卫生，擦完厨房、擦卫生间，累得腰疼。兴冲冲地问老公"怎么样，干净吗？"结果只换来老公一句：还行吧！

记得有几次我的小孩非常开心地对我说："妈妈，咱们去酒店住呀？"

起初我不明白这个小孩子为什么会这样想，后来我好像懂了一点。住在酒店里，小孩子不用做功课，因为就是出来玩放松心情的。而且可以随意地看电视，闹到很晚，因为明天不用担心上学迟到。住在酒店里，孩子的心情可以放松到极点。

其实大人何尝不是如此呢？住在酒店里不用给手机上闹铃；不用操心明天孩子的早餐内容；不用神经质地去阳台查看门窗是否关好；不用担心水电煤气。每晚和孩子闹够了再睡觉，心情大好。早上放心地睡到太阳高照，不动烟火就能吃到美味早餐。除了需要操心每天的行程，什么也不用管。

住在酒店里便没有了没完没了的家务，一切变得那么简单而轻松。

做家务好像是女人的本分，年复一年、日复一日、永无止息。

记得杨丽萍在《云南印象》里有这样一段独白——男人歇歇，歇得了，女人歇歇，歇不得。

因为"妇"字就是女人弯着腰拿着扫帚的样子,所以在家里的活就应该女人做。"男"是在田地里出力气的,理所应当的是挺直腰杆主外的。

千百年来,都是这样的。

曾经在一部日剧里听到这样一句台词:做家务就好像是用竹篮子打水,到头来什么都没有。的确,我们每天重复着简单的事情,这样做的目的不过是为了保持这个家庭的整洁,辛辛苦苦是为了这个家一成不变的干净。

有些事情看似简单,周而复始地做起来便很难。在外面辛劳打拼的男人们,一定要用心的爱那个在家操劳的女人。她不是没有赚钱的能力,她是为了让你们安心地在外面打拼,才心甘情愿地一天天、一年年的在井边用竹篮子打水。

这样的女子,为了你放弃了专业,在柴米油盐中黯淡了青春,在成就男人的过程中成就自己,难道,她不值得男人爱吗?

离婚率上升的今天,你敢全职吗

一位做了几年全职妈妈的女邻居准备出去工作了。

自从孩子上初中开始,她一直做全职太太,当然她原来的工作自己也不喜欢做,是个可有可无的角色。她老公认为她赚的钱还不够自己的零头,没必要每天出去折腾,不如在家把他们父子两个伺候好。后来家庭的所有开销都是她老公负担,老公因为有其他收入,所以把工资折一直放在她这里。孩子高考过后,她老公把工资折从她那里要了回去,理由是孩子高考结束了,她也没必要每天在家里闲着,自己找工作去养活自己吧。她起初非常疑惑,后来才明白,两年前老公就有外遇了!和很多女人一样,老公外遇的事情她是全世界最后一个知道的!不过是因为

孩子要高考,怕影响孩子的情绪耽误考试,所以老公才一直忍着没有提出离婚。现在孩子高考结束了,老公由要回工资折开始一步步地实施着自己的离婚计划。

她觉得特别委屈,自己放弃了工作,带孩子,伺候老公,怎么到头来落得这样的结局呢?

我觉得她的这个结局,不是必然的,但也绝非意外。

我的一个朋友的孩子今年也是高考,除了高考那几天,她始终在坚持工作。家务、孩子、事业、婚姻,一样也没有耽误,甚至可以说是样样精彩。更有意思的是,这位朋友孩子的高考成绩比这位女邻居的孩子整整高出一百多分! 女邻居对自己的孩子非常失望,她觉得自己付出了全部精力甚至是婚姻,但是孩子却没有给予她相应的回报。起初我就觉得很奇怪,孩子高中后,每天六点多就离开家去上学,晚自习回家后都已经九点钟了,这么长的时间里孩子也不在家,她都在做什么呢? 逛街、看电视剧、打扫卫生? 其实她完全可以找一份工作,可是闲散惯了的她已经没有勇气再步入职场了。

记得周立波说过一段话:家务应该工资化吗? 意思是全职主妇应该由老公支付一定的工资。周立波说如果这样,主妇就如同家政服务员一样,是不是一个老公同时可以雇佣两个家政服务员? 是不是这个不好,老公马上就可以炒掉换一个更可心的? 当然这是说笑,但从侧面我们可以看出来某些男人的心思,在部分男人心里,做家务活全职主妇没有拿薪水的职场女性值得尊重,一个全职主妇是下得厨房上不得厅堂的。很多全职主妇安于超市、电视剧和上网的闲散生活,没有想过要在这段时间学一点东西丰富下自己,从前的专业因为久不更新已经不能作为职场竞争的条件,同时因为久离职场,女人自己的心态也发生了很大变化,慢慢地变得不敢出门工作。

很多女人觉得嫁汉嫁汉,穿衣吃饭,既然和你结了婚,老公就要天经地义的养着自己。可是女人怎么就没想过,年轻貌美时老公或许心甘情愿的养你,像那位女邻居,人到中年,老公不愿意养了,想换一个年轻漂亮的来养,你怎么办?辞职回家,做没有任何收入的全职主妇,就好像一个女人站得累了,发现靠着墙更舒服。久而久之,完全不愿意自己站着了,只想着靠着墙。可是你有没有想过,有一天,这堵墙不愿意让你依靠了,可是你发现自己的双腿也已经有气无力,失去了独自站立的能力,那时候的你是不是只有瘫坐在地的份了!

这世上什么都可能变,包括我们自己。不要迷信男人一时的信誓旦旦蜜语甜言,老人说得好:谁有都不如自己有。如果我们可以为男人分担一下家庭的重担,何乐不为呢?

为了照顾小孩,我也有过三年全职妈妈的经历。在那三年里,是我人生非常重要的三年。虽然收入锐减,但是我有了更多的时间来思考我未来的人生,也是在那三年里面,我找到了一条更适合自己的道路。我很感谢那一段全职时光,但是如果让我一直全职下去,就是老公愿意,我也绝不愿意。

在离婚率上升的今天,你敢全职吗?问一下我自己,我不敢。

我要做一个事业和家庭兼顾的女子,宁可辛苦一点,也要给孩子展示一个生机勃勃的母亲形象。我非常喜欢舒婷的那首《致橡树》,我就要做老公身边的一棵木棉,如果有一天他这棵橡树嫌弃了我,我也依然可以独自在风中挺直我的躯干,享受阳光雨露。

我认为,女人不论在什么时候,都要有着一双能够独自站立的腿,可以纤细如鹤,也可以壮如大象,但是一定要保证有支撑身体的力量。

记得,除了自己,这世上谁都不绝对可靠。

第八节　全职妈妈的婚姻危机

前几天,有位年轻妈妈发短消息给我:小桥姐,怎么办呢?我老公现在总是很晚才回家,到家倒头就睡,也不愿意和我说话。他会不会有外遇了呢?她说不想再继续全职妈妈的生活了,要重回职场,找回原来那个自信靓丽的自己。孩子重要，但也不能为了孩子失去家庭。

　　当然这一切都只是她的猜测，作为全职妈妈的她因为不自信，所以一些"蛛丝马迹"都会让她有不好的联想。因为在我们身边这样的事情的确存在，在网上常常有一些年轻的妈妈发帖子咨询，说在老公的手机里发现了暧昧的短信，怎么办？

　　我曾经遇到过类似经历的妈妈。生了孩子后辞去本来做得不错的工作，一心在家相夫教子。每天准备早饭，让老公吃饱穿好出去上班，然后自己带着孩子去上早教课。中午饭后孩子睡觉，她开始做家务。晚上，她做好饭菜等着老公下班。天长日久，老公回来的越来越晚。慢慢地直到孩子睡熟，饭菜凉透，老公的手机依然不在服务区。她明白其实不是老公的手机不在服务区，而是老公的心不在这个家里了。她不知道是该佯装不知，继续维持这段婚姻？还是应该转身离去？一个人的时候，她很迷惑，觉得自己简直就是一个弃妇。甚至她自己都很反感自己现在的样子，男人又怎么会喜欢看呢？

　　现在的育儿理念告诉我们孩子三岁之前的教育很重要，所以有一些妈妈选择在这个重要的时期辞职在家里带小孩。这样即便是没有了那份薪水，却拥有了和孩子一起长大的机会。爸爸出去工作也会更安心，因为妈妈在家带小孩总要好过家政公司请来的保姆，谁能有亲生的妈妈对孩子那么在意呢？

　　在百度百科里全职妈妈的解释为：全职妈妈，是原来有工作的女性在怀孕后到孩子出生的时间内辞掉工作。专心照顾孩子和家庭。全职就是指专职一项工作，全职妈妈和全职太太的不同就是指因为有了孩子后，而开始不工作照顾孩子的女性。

　　我们身边的全职妈妈越来越多，孩子因为妈妈在家能够得到科学及时的早教，得到细心照顾的宝宝也很少生病。这是让全职妈妈最为欣慰的事，但同时全职妈妈的婚姻问题也随之而来。

细数这些婚姻中的问题,有外在的因素存在,当然内在的因素更为重要。

一个懂得欣赏的好老公

在外面工作的时候她拿着和老公差不多的薪水,家务共同分担。自从辞职做了全职妈妈以来,一分钱的收入也没有,在经济上完全依赖老公。有句话说得好:经济基础决定上层建筑,因为没有了经济收入,所以在家里她变成了弱势。如果说一个三口之家就像是一个股份制公司,经济收入完全依赖在外面工作的老公,他便拥有了全部的股份。其实不是这样,在家中带孩子、做家务的妻子用自己的辛勤劳动也在这个公司入了股,只是有的老公看不到这一点。我在从前的文章《请珍惜那个为你用竹篮子打水的女人》里面提过做家务就像是用竹篮子打水,周而复始,不停地劳作就是为了家里今天和昨天一样干净整洁,孩子像从前一样健康。

所以,要有一个好男人懂得并欣赏你的付出,这样的婚姻才能够幸福。

不把全职妈妈做成老妈子

全职妈妈舍弃工作在家带孩子,不仅仅是对孩子健康、智力的一种投资,其实更是对老公的道德水准和责任感下了一个赌注。大多数的全职妈妈在生小孩子前都有自己的事业,她们是为了维护家庭才选择放弃职场上的体面风光,做全职妈妈在家里蓬头垢面地带小孩做家务,慢慢地没有了曼妙身材也失去了从前的信心。

其实很多妈妈混淆了全职妈妈和保姆的界限。保姆只是做家务带小孩,而全职妈妈不同,她要对这个家有建设性的规划。在居家的日子里依然不能放弃学习。大家知道路易十五的情妇蓬皮杜夫人吧?路易十五的情妇非常多,常有新鲜的面庞出现。而蓬皮杜夫人的聪明之处在

姿态,女人的幸福密码

于她并不把目光完全盯牢国王——她兴建了埃弗勒宫(即今日的法国总统府爱丽舍宫);资助出版了《百科全书》;在她的关心下,法国的文学艺术空前繁荣,伏尔泰的著名悲剧《唐克雷蒂》就是献给她的。正因为她的不在意,才让路易十五格外地在意她。

全职妈妈要像蓬皮杜夫人一样在学习中不断地丰富自己。如果我们在做全职妈妈的同时也可以有自己的兴趣爱好,多读一些书,利用晚上的时间报两个学习班,让今天为明天做好准备,相信在我们重返职场后依然能够笑傲江湖。

把全职妈妈做成老妈子,是失败,也是悲哀。

只要你不放弃自己,没有人能够放弃你。

要孩子好,要老公对我们好,更要明天重出江湖做得更好,所以,做全职妈妈的今天我们就要格外努力。

带好孩子,还要保住自己的婚姻,全职妈妈这个职业不仅是体力活,更是技术活。

全职妈妈重返职场为何这么难

朋友辞职做了几年的全职妈妈,每天忙得不得了,一日三餐紧跟着,孩子的早教课,还有永远也忙不完的家务。几乎每天都在盼着孩子长大,快点去幼儿园,这样自己可以恢复自由身,海阔天空自由飞翔。终于孩子长大了,上了幼儿园,每天有大块的时间无处打发,她又想起了从前朝九晚五的办公室生活,于是一连买了几天的晚报,只看"前途无忧"那一版。在自己中意的地方用记号笔圈上,然后打电话约好时间,穿上最漂亮的衣服,收拾停当,自信满满地去参加面试。可是几次面试下来,结果竟然没有一个单位愿意录用她。有的单位说再等等,以后就是音信全无。她很不理解,问人家原因,对方含糊其辞。其实,她自己心里也清楚,人家宁可用一个学历比自己低的单身女性,也不愿意用她这样的孩子妈妈。对方觉得只要有孩子,会伴随有无穷无尽的事情,所以用人单位常会对孩子妈妈敬而远之,选择绕行。

现在朋友已经没有了开始的自信,甚至担忧自己以后的人生会不会就这样被迫"全职"下去了?

看看身边很多妈妈朋友,当初是主动选择全职照顾家庭和小孩,几年以后,却又不得不被迫继续全职。分析全职妈妈就业难的原因可能有以下三种。

第一、时代变迁让全职妈妈的知识过时了。很多全职妈妈在生小孩之前都是职场的精英,所以当年从容不迫地离开时,也有信心等到孩子长大后,自己依然能风光的杀将回来。可是事情总不能如人所愿,几年的全职生活,让她们淡忘了自己的专业,满脑子都是奶粉、尿布、早教班,张嘴闭嘴的妈妈经。所以几年后即便有机会重返职场,她们也会有一段时间感觉力不从心。因为几年前的知道已经落伍了,新的知识自己还没有掌握,除了比前几年年龄大了以外,其他一无所获。是否能够重回以往的风光,全看她们的悟性和努力程度了。

第二、有了孩子的女人时间不能由自己控制。很多单位不愿意用孩子妈妈的原因是因为有了孩子,就有了无数的事情。早晨送孩子可能会迟到,晚上接孩子又要早退。孩子生病,妈妈要请假。孩子开家长会,妈妈也要请假。如果不给假显得领导不够人性化,不爱护妇女儿童,可是单位里一个萝卜一个坑,少了一个员工,就会耽误工作进度。如果请一个单身的女性,则没有这么多的麻烦。所以因为怕麻烦,很多用人单位对全职妈妈选择绕行。

第三、全职妈妈的心态不再适合竞争激烈的职场。我曾经遇到过一个四十岁生孩子的职业女性,做了妈妈后的她和从前判若两人。以前为了追求二人世界和个人的更好发展,她义无反顾地选择了丁克,将大部分精力都投到了工作中,当然工作也带给了她足够的回报。可是在当了

姿态,女人的幸福密码

妈妈以后，她却没有了从前的干劲与犀利，非常安于现状。用她自己的话说她在工作上就是"不思进取"、"得过且过"了。

我身边的全职妈妈很多都有重返职场的想法，但是却没有几个心想事成，只好被迫在家里继续做全职妈妈。不过有一个例外，一个朋友，她从事药品行业的工作，有些年轻女孩子一旦怀孕就会选择辞职，所以这个岗位特别喜欢有了孩子的妈妈。这样相对稳定，辞职的几率极小。所以我这个朋友只应聘了一份工作，就成功了。但是现在的职场类似这种只欢迎孩子妈妈的工作简直是少之又少。那么，想工作的全职妈妈的路在哪里呢？

我有两点建议给大家：首先，我们要选择和孩子有关的行业。因为做了几年妈妈可能从前的专业知识已经荒废了，但是这几年的精力也赋予了我们新的本领——早教和育儿。所以，我们可以根据自身的优势来寻找工作，例如早教中心、婴儿用品等职业。相比较未婚女性而言，我们妈妈的耐心和爱心就是最好的就业优势。其次，可以考虑下是不是可以自主创业。既然职场不接受我们，那么我们是不是可以自己做老板，自己来掌控自己的时间？我看到现在有很多在网上开店的老板都曾经是全职妈妈，这样的一份工作可以自由地支配自己的时间，可能更适合孩子还在上幼儿园的女性。

全职妈妈是不是要重返职场，该如何重返职场，的确要走一条相对艰难的路。但是只要我们有信心，就一定能够找回当年的无限风光，甚至再创辉煌。

第九节　谁才是对的那个人

遇到对的人是什么感觉呢？很多结了婚的女性朋友都跟我说，就是感觉那个人不会走。你不需要耍任何心机和手段，不用去想怎么留住他的心、他的胃，他就是不会走。

上一段话是在微博上被转发多次的一条，很多女人都觉得这句话接近真理。还有一句话，说的内容也差不多，意思是当你遇到了一个对的人，你就不必在乎你在他面前的形象，可以真真切切地放松，做你自己。女人们都觉得只要自己遇到了那个对的人，就不用紧张自己的形象，不用管自己的收入，甚至可以不去思索筹划自己的未来，只要遇到那个对的人，便好似拿到了一把万能钥匙，从此后一切问题，迎刃而解。

　　遇到对的人，一切就都对了。每一天都是欢声笑语，艳阳高照，就是童话故事里面的经典结尾——公主王子过上了幸福的生活。

　　事实是这样吗？

　　一个女人和我倾诉过她的婚姻。她说过这样一句话我印象很深，这句话不止一个女人说过：老公出轨了，而她是最后一个知道这件事情的人。因为她老公这个人太好了，能干又顾家，对自己也好。他们是在二十出头的时候认识的，白手起家，又有了一个健康聪明的小孩。老公事业节节上升，自己家的生活也越来越好。为了更好地照顾老公和孩子，她辞去了工作。平常日子除了做做家务，还有很多闲暇去逛街、美容，甚至可以和朋友看场电影、喝喝咖啡，每天的生活非常惬意。女友们都羡慕她年轻时独具慧眼，找到了一个绩优股，现在可以坐享其成了，舒服自在，还有人心甘情愿地养着。每每此时，看到女友们羡慕的目光，她嘴上不说，心里却升起一种小小的得意和骄傲。

　　所有人看来，他们都是一个幸福美满的三口之家，她的老公也是一个稳重、上进、负责任的成熟男人，是一个好老公、好爸爸。

　　她做梦也没想到有一天她会遇到这样的事情，自己竟然会遭遇情感的背叛！而且当老公对她承认出轨这一事实的时候，他们的婚外情已经持续两年之久了！而在这两年里她竟然一无所知！

　　后来她疯狂地寻找关于那个女人的点点滴滴，可是当她知道对方的情况时，很是不能理解，那个女人除了年纪比自己小几岁之外，没有什么好呀？！到底为什么呀？于是她哭闹，甚至将老公赶出家门。没想到老

姿态，女人的幸福密码

公和她坦白了出轨的事实，并不是想获取她的原谅，回归家庭，而是下定了决心要和她离婚。

接下来，她的老公将房子、车子，包括存款一样也没有带走，匆匆和她协议离了婚。办理离婚的日子是在除夕的前一天，那一天很多家庭都在欢欢喜喜地筹备春节，而她老公却迫不及待地离开了那个曾经温馨幸福的家。

她不明白，为什么他连一个春节的时间都不愿意在这个家里停留？偏要无情地在合家欢乐的前一天让这个家四分五裂？她也不明白，那个曾经那么爱家爱自己的男人，为什么说翻脸就翻脸，转眼冷冰冰了呢？

有一句话说得好：痴心的脚步追不上变心的翅膀。走路毕竟还是速度慢，变心的人是长着翅膀要飞的！

结婚的时候都是相爱的，觉得在对的时间遇到了对的那一个人，所以欣欣然地走进了婚姻。然后在漫长的婚姻中，出于对对方的爱意和绝对信任，感觉他永远不会走，不论什么原因，都不需要动用心机去拴住他的人甚至他的心、他的胃。从此后，女人开始在自己婚姻里高枕无忧地睡大觉，尽享胜利果实。

于是她们不再像婚前一样注意自己的仪表，不像从前一样关注自己的事业发展。因为她们有了一个可以依靠的那个"对的人"，不论自己如何，他都会给自己强大的支撑和无条件的接纳。

可是，一切都是会变的。

对于一个精神懈怠、做着美梦的女人来说，失去婚姻让她措手不及，甚至让她失去了自信和面对未来生活的勇气。因为长久以来，她一直都在依赖那个"对的人"，她已经失去了独自面对的能力。

谁也不会永远都是那个对的人，或许今日对，明日就不对。或许对你而言他一直都是那个"对的人"，但是忽然有一天你却不再是他心里那个"对的人"了。

婚姻是一段旅程，你们在 A 站台相遇，忽然惊觉彼此都是自己想象中的那个对的人，于是你们相爱，携手走进婚姻。日子一天天过去，他努力地从 A 站台走到了 B 站台，然后又到了 C 站台和 D 站台，而你因为一直都在幸福的享受着婚姻，放慢了前进的脚步，只是慢腾腾地从 A 站台走到了 B 站台，或者多年来一直在 A 站台原地踏步。

你很满意，你一直都认为那个已经走到 D 站台的他依旧是那个"对的人"，因为他的努力和付出给你提供了优质的生活，他在前面领略过无数风景给了你一个很轻松的指引，让你无忧无虑地面对未来的日子。

可是对走到 D 站台的他来讲呢？一路从 A 站台奔跑到 D 站台，期间有很多辛苦和喜悦，沿途也有无数风景。可是对于始终停留在 A 站台的你，却无法很好地和他分享这些心路历程。可以说，此时依旧停留在 A 站台的女人，对于男人来说已经不是那个"对的人"了。如果一直相安无事，这个婚姻关系在外人眼里依旧是非常般配、琴瑟和鸣，但其实骨子里面已经是危机四伏了。一旦在 D 站台的男人遇到了他心里面那个"对的人"，那么这个婚姻就岌岌可危了。

当女人发现这个问题的时候，往往已是失去了追赶的机会和勇气。有的女人停留在 A 站台怨天尤人、指桑骂槐，有的黯然走出这段婚姻，极少有一部分女人奋起直追，超过男人走到 E 站台。这个情况少之又少，因为一个人的黄金年龄非常短暂，而且由于精神的长期松懈，很难再去适应职场种种了。

此时对，彼时未必对。

此时爱，彼时未必爱。

万事万物都在变化着，我们不知道会遇到谁，谁会爱上我们，所以我们一直以最美好的姿态准备着。但是，这种美好姿态不应该只存在于婚前，作为女人，不论在什么状态，在谁身边，我们都应该保持最美好的姿态，不为别人，只为自己。

女人遇到对的人，和他幸福地走进婚姻殿堂，这是一个胜利。

但是，这仅仅是一个阶段性的胜利。

只有在漫长的婚姻中，让他始终如一的对自己好，并且自己也在婚姻中美好地成长，让婚姻之船顺利地行驶，那才是真正的胜利。

● 第十节　安全感——男人给女人的最好礼物

冰心说："世界若没有女人，真不知这世界会变成什么样子。"

这是两个女人的故事。

K，公务员，结婚十六年，有一个女孩。她说自己在成为母亲的一刹那特别想和老公离婚。事情是这样的，老公是 K 的大学同学，彼此非常了解，他绝对是个好男人好老公，在生活上把 K 照顾得无微不至。婚后第三年，K 怀孕了，老公陪着她对抗孕期抑郁，和她听每一节孕妇课程，甚至陪着她做孕妇操。一切都非常完美，偏偏在怀孕后期 K 被发现是前置胎盘导致大出血，孩子有早产迹象，结果毫无准备地提前住院做手术。手术前让家属签字，医生说孕妇情况很严重，可能大人和孩子只能保住一个，问 K 的老公，是保大人还是孩子？K 的老公是三代单传，他犹豫了下，听从了 K 的婆婆的意思尽量保孩子，后面还加了一句最好"母子平安"。这些事情是 K 在手术成功后听别人转告的，当时她对这个男人失望到了极点，整个月子里没和老公说一句话，只想着出了月子能自由行动后马上去民政局办理离婚手续。后来亲友一番劝阻，加上老公捶胸顿足地道歉，K 放弃了离婚的念头，毕竟有了孩子。事情过了多年，尽管在以后的日子里老公对她和孩子关怀备至、尽职尽责，但是当年手术室外老公的无情决定，依旧让 K 在十几年里无法释怀。

M，高知，婚龄一年，没有小孩。一晚她和老公去看电影，电影结束已是午夜。商场门都关了，有个专门的通道，因为环境陌生所以他们找不到通道的入口。于是就跟着一对夫妻走到地下停车场。因为停车场的卷帘门是一车一起的自动门。想着如果后面恰好有车过来，他们就跟着出去了。停车场门口有个开关，她老公按了一下，结果不小心按错了，导致卷帘门彻底关上了。这时有辆车要出去，逆向的卷帘门开了，他们马上跟着跑了出去，就在跑出门的一刹那，她发现她老公像长翅膀了似地，跑得飞快。那一刻她从他的眼睛里看到了恐惧。她说其实她很期待他能拉着自己一起跑，而不是一个人在前面跑得飞快。回到家里，她气哭了，她问自己这个男人真的值得托付终身吗？难道他不知道一个女人在那一刻内心的恐惧吗？

在 K 和 M 的事情上，她们都在重视这一个细节，K 的老公在关键时刻没有把自己妻子的生命放在首要位置上，但是他是和谁做的比较呢？和 K 的小孩作比较，他更爱孩子一些，当然最后他还是期待"母子平安"，事实也的确如此，大人孩子都完好无损。如果这件事情后来 K 不知道，那么她心里的芥蒂就不曾存在过；如果 K 是一个粗线条的爽朗女人，这件事也不会放心里这么久不能释怀。

有的人看事情注重结果，也有的人更关注过程如何。如果只从结果来看，K 依旧有一个好老公，一切好像都没什么改变。但是在 K 心里，她会有这样的念头：在关键时刻老公是可以把自己舍出去的，所以在以后的生活中 K 始终缺少一种安全感。

M 也是如此，虽然没有涉及性命攸关，但是毕竟是深夜在一处陌生的地方，老公独自离开停车场的举动让她觉得自己很没有安全感。这样的小事都会抛下自己，那么大事情发生的时候还能够指望这个男人牵着自己的手吗？

K 和 M 都是感觉在婚姻里缺少安全感，继而对自己的婚姻走向产生了质疑。

安全感是什么呢？安全感是一种感觉，一种心理，是来自一方的表现所带给另一方的感觉；这种感觉是由一种让人可以放心、可以依靠、可以相信的言谈举止等多方面所带来的。

有时候女人需要的安全感不过是个坚定的眼神，一个有力的臂膀，或者就是一句话：别怕，我在这里。

男人抱怨女人过于感性，她们可能因为下午的坏天气忽然心烦意乱，也会因为听了一首熟悉的老歌潸然泪下。有时候她们说一件事情，记不得当时的时间和地点，却能够很生动地描绘出那个城市温暖的风。她们会因为一件小事感动到流泪，也会因为一个小小细节，心情瞬间沉入谷底，久久无法摆脱。

女人之所以表现得扑朔迷离，很大一部分原因是她内心里缺少安全感。

很多时候男人们都没有搞懂一件事情，女人要的就是一份安全感，所以她才肯跟着你，为你洗衣做饭，一辈子守在你身边不离不弃。

如果你问婚姻中的女人最喜欢的礼物是什么？可能答案是手机、华服或者是珠宝，各有不同。但如果问什么是她们最最需要的，答案一定是安全感。

第五章
轻轻松松，做聪明儿媳

是命运、是缘分把我们和她的儿子联系在了一起。嫁给一个人，还是嫁给了一个家庭，一种生活方式；爱一个人，就得"爱屋及乌"。我们已经长大成人，要拥有成熟的情感、成熟的爱。尊重、照顾长辈，是我们的责任和义务，何况她是老公的母亲！为了家庭的稳定、为了生活的安宁，我们就得对婆婆像对待自己的母亲那样，尽可能地去体谅老人。这样才会得到老公全身心的爱，才会有一个温馨的小家。因为无论老公多么爱你，你也无法替代他的母亲。

第一节　老人有义务带小孩吗

有一天在报纸上看到一篇文章，讲的是一个年轻妈妈抱怨自己的婆婆宁愿在家里侍弄几只猫也不肯帮她照顾小孩。后来儿媳妇和婆婆商量不如每个月给婆婆一千元钱让婆婆帮助带下小孩，婆婆回复说，自己经济上很宽裕，不差那点钱，不如由她每个月拿出一千元钱来，请个保姆来看孙子。老人说她不看孩子不是因为她的几只猫，而是老人看孩子容易溺爱，太娇惯，不利于孩子的心理发育。所以，儿媳妇总和儿子抱怨婆婆，难道自己的亲孙子不如那几只猫情深义重吗？

每个老年人都有选择自己生活方式的权利，这个权利谁都不能够剥

134

夺。有的老人认为含饴弄孙是晚年最大的乐事，甚至还会因为儿媳妇不让自己带小孩而气愤难当。但是也有的老年人却认为自己老了，年轻时要工作、要养孩子、伺候老人而没有机会按照自己的想法来生活。现在退休了，终于有了属于自己的时间，没事的时候唱唱歌、跳跳舞，甚至圆一个大学梦，去读老年大学！老人想自己老了，谁也不知道谁未来的日子还有多久，所以爱谁谁了，一定要依着自己的性子活一回！

不论老年人如何选择自己的生活，做小辈的都只有尊重和顺从的份。

曾有一个年轻的妈妈抱怨，她的妈妈每天带着自己的狗狗玩，因此在她怀孕的时候她极少回娘家，就是避免和妈妈家的狗狗接触，因为她担心狗狗身上可能寄生着弓形虫。孩子出生以后，她妈妈也很少来看望自己的女儿和外孙。即便偶尔来过几次，还都要带上自己的狗狗一起来。后来发生了一件不愉快的事情。那天是她妈妈又带着狗狗来她家看望她和小孩。晚上老人走了以后，她老公回到家发现自己刚满月的儿子的耳朵和鼻孔里依稀有什么东西，取出来拿到眼前一看，竟然是几根狗毛！她老公马上大发雷霆，让她转告她的妈妈如果舍不得自己的狗，就不要再来看小孩了。她很为难，但是也不喜欢妈妈每次都带着狗狗来看望孩子，于是委婉地转告了。然后她妈妈真的就安心照顾自己的狗狗，不来看女儿和孩子了。她的孩子还小，老人的帮助和照顾对她来说很必要，尤其是有老人看一下小孩，自己还可以出门稍稍放松一下，白天也有一个可以说话的人。她小心地把自己的意思转达给妈妈，她妈妈同意时常帮女儿照看小孩，但是妈妈的条件是帮助她照顾孩子可以，首先要照顾好自己的狗狗，自己要和狗狗一刻不分离。

她觉得很为难，说心里话她也不愿意让她妈妈带着狗狗来照顾小孩，但是，老人养宠物这么一个小小的爱好作为儿女也不好自私地剥夺。毕竟，那只狗狗给老人带来的快乐和轻松，不是自己的女儿和外孙能够给予的。后来她们夫妻商量好，自力更生，自己能做的事情都自己完成。她的老公每天晚上下班就回家，两个人抢着做家务、带小孩，一样把孩子带的健康聪明。

我妈妈对于这些宁愿养宠物也不愿意帮儿女带小孩的老人很是不能理解，为什么喜欢猫呀狗呀的，而不喜欢自己家乖巧可爱的小孩子呢？小孩子多可爱呀！首先，小孩和自己有血缘关系，天生存在一种亲近感。其次，看着小孩一天一个变化，多喜人呀！我妈一直从事儿科工作，天生喜欢孩子，不论是谁家的孩子，我妈妈都能看出可爱漂亮来！如果不让她帮晚辈带小孩，她会不放心，会惦记。

但是，不是所有的妈妈都会像我的妈妈一样发自内心的喜爱小孩，都以带小孩为快乐。

如果老人愿意帮我们带小孩，我们应该心怀感激；

如果他们要过自己的生活，我们也要接受并支持。

给我们看小孩是老人的情分，按照自己的方式过自己的生活是老人的本分，也无可厚非。

有些年轻人认为婆婆看孩子是天经地义的事，她们觉得你看的是自己家的孩子，那不是应该的吗？这个思想也是一种变相的"啃老"，而且在儿童的心理成长方面来看，也不是所有的老人都具备看好小孩的素质和能力。但老人也应该反省，他们一味安排着、催促子女结婚、生子，没有充分考虑子女们的经济条件，没有考虑有小孩后经济、教育等面临的困难，导致很多年轻人认为小孩就是给老人生的，生了小孩后把他们推给老人，导致家庭矛盾产生。为此，子女事先应与老人约定好孩子出生后由谁照看。

我的一个朋友和婆婆生活在一起，但都是她一个人在带小孩，每天早上手忙脚乱地准备早餐和清洗孩子的一大堆尿布，上卫生间都要把孩子抱在腿上，因为不敢独自把孩子放在床上，怕孩子滚落下来。我问她婆婆呢？她说她婆婆要晨练，要上老年大学，还有一大堆的兴趣爱好呢！因为年轻的时候没有按照自己的想法生活，所以老人格外想利用退休后

的闲暇把那些逝去的时光找回来。因此即便同在一个屋檐下，她婆婆几乎没给自己的孙子洗过一件衣服，也没有为他做过一次辅食。奶奶的时间用来完善自我还嫌不够呢，哪有时间分给孙子呢？累了大半辈子，趁着自己胳膊腿还利落，谁不想抓紧时间玩呢？

不过年轻人带孩子也有自己带孩子的好处，没有了和老人在教育上的分歧，也减少了很多烦恼。

现在我们孩子小，我们也常在心里想等孩子大了，我要如何如何，要美容、旅游，和朋友喝茶聊天、逛商场，再学一样自己多年来壮志未酬的艺术特长。总之，一定要狠狠地享受一把晚年生活！

我妈常说现在年轻人不容易，工作压力大，生活压力大，还要带孩子。老人能帮一把就帮一把，年轻人有困难，老人应该帮一把；等到老年人身体不好了，在感情上，年轻人也不会袖手旁观的。

我说即便老年人不帮年轻人，将来老人老了，年轻人也有义务赡养老人的吧？这是法律规定的呀！

我妈说你现在喜欢猫呀狗呀的，但是等你老了，卧在病榻之上，猫呀狗呀的能给你端药递水吗？还不是要靠自己的儿女？自己的儿女是自己带大的，不论怎样他们都能理解自己的父母。但是儿媳妇和女婿不是自己养大的，没有任何血缘关系，凭什么就要人家心甘情愿、百般热情地对你尽义务呢？在人家困难的时候你自由自在享受生活，又有什么理由要求人家在你困难的时候心甘情愿地侍奉呢？

的确，每个人都有自己的生活方式，只要不干涉别人就是好的。但是做人还是不要太自私，也应该为别人多想一些。

我想等我老了，如果有需要，我会不假思索地去帮他带小孩，毕竟是自己的骨肉。如果让我在宠物和小孩之间作选择，我选择小孩，因为换季的时候小孩不会褪毛，带他们出门的时候也不会发生意外而将别人咬伤。

第二节　三个女人、一个男人的婚姻牢靠吗

"宁拆十座庙，不毁一门婚"，这是很多人在劝解夫妻吵架时的准则。茫茫人海中，两个人相遇本来就不是一件容易的事，然后彼此相恋，直到毫无波折地走入婚姻殿堂的几率似乎更低了。所以，婚姻中的两个人都应该好好经营自己的婚姻，慎重地面对离婚。然而据民政部提供的数据，一季度，全国有46.5万对夫妻劳燕分飞，平均每天有5 000对夫妻的婚姻解体，离婚率为14.6%。一向崇尚"家和万事兴"的我们，到底怎么了？令人不得不关注的是，其中在离婚的人员中"80后"竟然成了离婚的主力军！

为什么"80后"的婚姻这么不牢靠呢？

昨天他们还是第一代的独生子女，独自享受着家庭中的物质资源和教育资源，幼儿园、小学、中学、大学，毕业工作，家里竭尽一切的为他们提供便利。上学找好的学校，毕业找好的工作，结婚两家合着买房买车，有人称我们"80后"的独生子女为"我一代"。非常自我，什么事情很少为别人考虑，只想着自己的感受。一见钟情，婚了；一怒之下，离了。有些人办离婚手续时还在吵架，互相指责对方不是，等拿到离婚证后，又抱在一起悔恨痛哭。

"80后"的婚姻不牢靠还有一个很重要的原因，有些人说很多"80后"不是小两口过日子，而是丈母娘、婆婆加上小两口，四个人过的日子！

一个年长的朋友，儿子结婚一年了，她总是放心不下。有一次她去儿子家，她儿子说带鱼怎么这么腥呢？听儿子说才知道他做带鱼从来不用油煎一下，直接用刀把带鱼弄断就放锅里，各种调料倒进去，加水炖上了。她说自己眼泪当时就流下来了，自己的宝贝儿子哪里受过这个委屈呢？在自己身边的时候，饭都要给盛到碗里，每顿都得有儿子特别爱吃的菜，就是哪一餐儿子少吃了一口当妈的心里都难受，不停追问孩子为什么今天胃口不好？哪承想儿子成了家，不仅没有被媳妇好好照顾，一个大男人还得自己进厨房,带鱼不煎直接扔锅里炖了!于是,婆婆三天两头地不打招呼就出现在儿子家,打扫卫生、改善伙食,她还把厨房收拾出来一个样本来,让媳妇以后都依着这个标准来整理厨房。甚至时不时地还会不定期的检查,看媳妇的工作有没有达到自己的标准。起初还好,时间久了媳妇就不高兴了,到底是几个人过日子呀?周末想二人世界,不知道什么时候婆婆开门就进来了,对家务一番指手画脚,都是媳妇不对,媳妇没有尽好一个做女人的本分。媳妇不愿意了,我也有工作,我也要在外面打拼,钱一点不少赚,为什么家务事就要包在我身上呢?俗话说"嫁汉嫁汉,穿衣吃饭",我穿着自己赚钱买来的衣,吃着自己赚来的饭,凭什么就得伺候你呢?丈母娘也不乐意了,我家姑娘也是娇生惯养,结婚之前都没进过厨房,凭什么你儿子下班就跷着二郎腿玩游戏,我姑娘就得擦地、做饭当旧社会的小媳妇?

　　看起来说的都有道理,两个孩子都觉得自己的妈妈是对的,对方是错的,心里格外委屈。这样的婚姻能牢靠吗?因为家务闹得不愉快,值得吗?家务是夫妻两个人的事,不论谁来做,不论做成什么样子,只要他们自己觉得行就好了。作为老人没有必要按照自己的标准来要求孩子,谁的孩子谁心疼,不能只当自己的孩子是宝贝,拿别人家的孩子不当孩子,是吧?

　　两个人的婚姻里面加入了婆婆和丈母娘两个女人,你护着你儿子,那我就帮着我女儿,于是小两口的事,变成了三个女人和一个男人的事,本来事情很小很简单,介入的人多了,就变成了大麻烦。

　　所有的妈妈都觉得自己的孩子是最好的,因为孩子的成长过程自己倾注了无数心血。所以孩子结婚后,总觉得孩子的另一半不够优秀配不上自己的小孩,于是横挑鼻子竖挑眼,就是不合心意。其实,不只你眼里你的孩子是最好的,在对方眼里她的孩子也是最好的,所以,你的心结对方也有。你希望你的孩子永远像在自己眼前一样,养尊处优,衣来伸手饭来张口。可是如果对方也这样想,这个家庭还怎么维持呢?既然是儿女们选择的,就是他们中意的,做父母的只有接纳并祝福。毕竟那是他们自己的人生，他们已经长大了，懂得应该为自己的人生负责。

离婚不是丢人的事，而是人们开始重视婚姻质量的一个标志。但是离婚毕竟是人生的一个失败，如果是因为婚姻中多了两个过于关注女人而失败，是不是更不值得了呢？

孩子已经长大了，有足够的锻炼机会，个子比父母都高出很多，我们是不是应该放开手，让他们的心灵也有机会和空间成长呢？毕竟，我们眼里的那个孩子，总有一天也要为人父母，我们不能给孩子的孩子再做父母吧？

婚姻是两个人的事，多出一个人就挤了，更何况多出来两个女人呢？

第三节　为了婆婆离婚——值得吗

有一次，听一位阿姨说她儿子离婚了，离婚的原因很可笑，不过是午餐的一碗方便面！

这位阿姨只有一个孩子，所以一颗心都放在儿子身上。上学的时候她就给儿子打点一切，孩子喜欢打篮球，白色的纯棉运动袜穿过几次就洗不出来了，最后竟然把袜子穿成硬到可以直立摆放的程度。她便一次给孩子买十双袜子，一天换一双，周末拿回家来一起洗。后来儿子工作，她也是事无巨细，大包大揽。朋友们劝她早一点放开手，不然这样下去儿子永远也没有机会长大。她也有自己的理由，等到儿子找了媳妇，自然有媳妇代替自己照顾他，她就不会再插手了。后来儿子找了中意的女孩成家，大家都觉得这位阿姨会轻松下来。没想到她更忙了，她说儿子和媳妇都还年轻，事业为重，而且儿媳妇这些年来一直在读书，家务也不熟悉，所以她想做出个样子来给儿媳妇当个榜样。这样她配了一把儿子家的钥匙，儿子媳妇上班后，她就到他们的小家里一番打扫，该洗的洗、该擦的擦，忙得不亦乐乎。临走之前，还细心地把晚饭给准备好。起初媳妇还不说什么，时间久了就有了不满。自己的家里虽然乱一些，但是自己的东西放在哪里自己清楚，婆婆一顿收拾后，虽然整洁干净，但是自己的东西全都被换了地方！而且她也不喜欢自己的家里总有人来指手画脚，自己有自己的生活方式，只要两个人喜欢就好，没必要家里每个角落都一尘不染，什么是人间烟火？如果一个家里处处干净的像一面镜子，那还是家吗？

矛盾终于在一个周末的中午爆发了！

前一晚儿子和儿媳妇睡得晚些，起来的时候已经接近中午了，两个人都不想做饭，就煮了两包方便面糊弄一下。正在吃面的时候，这位阿姨来了，看到儿子吃这个，心里很不舒服。马上下厨房开始准备营养丰富的饭菜，当然在准备的时候嘴里也没闲着，话里话外地透着儿媳妇没能力，太能对付，不会照顾自己老公之类的话，儿媳妇觉得自己忍无可忍了，说了一句："一碗面条都不让吃好！"然后迅速地和老公办理了离婚手续，理由是她无法忍受三个人的婚姻生活。

这位阿姨觉得委屈，她之所以做那么多，就是为了孩子们好，自己明明是好心，没想到却因为自己的好心让儿子的婚姻破裂了。

老人们都觉得这个媳妇离婚离得草率，以前谁家媳妇不是和婆婆住在一起，哪里有那么多的自由空间？更何况这位婆婆的出发点是好的，一切家务都帮你做好，任劳任怨，简直就相当于请了一位无薪水又安全的保姆。还有什么不知足的？

其实，这只是老人一厢情愿的想法，你辛辛苦苦跑去为人家小两口准备了丰盛的晚餐，可能人家根本就想在外面来一次浪漫的晚餐，或者人家不怕辛苦油腻，想两个人动手做一顿饭。可能他们的厨艺不佳，甚至会煮夹生饭，把菜炒煳，但是他们喜欢这种一起在厨房里忙乱的温馨氛围，可能饭菜搭配不够营养，或者味道不可口，但是他们吃的不仅仅是这些，而是这饭菜之外的蜜意浓情。就像一包最最简单的方便面，你的儿子喜欢没有意见，老人也就不要再说什么了。毕竟那是人家的小日子，每家有每家的过法。一样的高学历，一样的辛苦赚钱养家，凭什么就要求媳妇一定要把你的儿子伺候的舒舒服服呢？

作为老人，应该清楚一点，儿女一天天长大，他们有自己的人生，有自己的生活方式和态度。有一句话说得好：出生即别离。在他呱呱坠地离开我们身体的那一刻，他就已经不再属于我们了。虽然小时候需要我们照顾他的饮食起居，但逐渐他开始有了自己的思想和标准，不再只属于我们自己。有时候老人认为是对儿女好，但是在儿女看来却未必如此。所以作为老人，不要把自己的所谓"好"强加到儿女身上，甚至还因为这种"好"打扰到儿女的生活，就更不值得了！

有时候对待儿女，你觉得是费心了，甚至费力了，但是在儿女那里却是不讨好的。

儿女需要老人帮助的时候，如果你身体力行，如果条件允许，那么你就帮儿女一把。毕竟年轻人处于事业的爬坡阶段，精力和时间都有限。而且在生活经验上，老年人比年轻人有着更多的优势，经老年人点拨一下，往往会有着事半功倍的效果。但是一定要记得，对儿女的关注要适度，否则过犹不及，不能因为你吃过的盐比人家吃过的饭还多，就对人家的生活指手画脚，也不能把自以为的那份"好"强加给年轻人。这样下去，你会很累，同时弄得年轻人也非常辛苦。

像前面提到的因为一碗方便面离婚的情况，毕竟是极少数。但是爱要适度，不仅自己想给同时也确定对方的确需要这份爱，这样才会皆大欢喜。如果对方不需要来自于那么多的爱，或者根本就不需要这方面的爱，那么，这爱真的就是一种负担了。

如果你爱，就在他需要你出现的时候出现，在不需要你的时候，你要学会一言不发地默默关注。

为人父母，我们要清楚，该放手的时候终要放手，因为没有什么会让我们永远握在手里，包括我们自己的小孩。

如果你和爱人相爱，你要考虑到爱情之中只有你们两个人，而婚姻之中却要多参与进几个人。你和一个人结了婚，婚礼结束后，你将要和他的一大家子人过日子。有些时候婆婆的做法让你不能够接受，甚至非常烦恼，但你要换一个角度想一下，看看婆婆的出发点是不是好的。有些时候，有些事情，你在二十几岁的时候觉得不能接受，不可容忍，但是几年后，你到了三十岁，你会发现当年你非常介意的甚至无法释怀的，今天看来，其实不过是一些不值一提的小事。

生活中有太多微不足道的小事，但是我们却常常因为这些微不足道的小事影响了我们对一些大事的理智决定。

第四节　和毛豆豆学做聪明儿媳

电视剧《媳妇的美好时代》的热播吸引了很多女观众。剧里面的女主人公毛豆豆因为老公的父母离异，又分别再婚，所以作为"80后"女孩的毛豆豆的婚姻生活中被安排了两个公公和两个婆婆。其中一位婆婆是老公的亲生母亲，因为人到中年生生地被小三破坏了家庭，所以变得神经兮兮、斤斤计较，异常敏感。只要看到前夫的再婚妻子就会变得像一只赛场上的斗鸡，不论在哪种场合，总要和对方拼上个你死我活。而毛豆豆的第二个婆婆是个不食人间烟火的商界精英，年轻、时尚，可是得到了别人老公的她却很在意自己在毛豆豆心里的地位，于是也时不时地会和前任比较谁更能赢得儿媳妇的尊敬和重视。这样两位极品婆婆，在生活中遇到一位就足够让人崩溃，可毛豆豆却遇到了"极品婆婆"×2，再加上一个丧夫多事的小姑，可是毛豆豆还是挺过来了，不仅没有打得头破血流，相反经过毛豆豆的不懈努力，两位婆婆尽释前嫌，小女子毛豆豆终于迎来了一个属于媳妇的美好时代。

因为同时爱着同一个男人，自古以来婆媳关系就是很敏感的话题。有些观众说毛豆豆"化干戈为玉帛"的情节有些许被艺术化了的美好，但是其中很多方法的确值得我们学习和借鉴。让我们看看小女子毛豆豆第一招：接受现实，小心周旋。因为毛豆豆在和余味交往之初就已经知道婆家关系的错综复杂，她非常清楚和一个人结婚就是和他们一家人结婚，所以她坦然接受。在两个婆婆之间小心周旋，避开她们敏感的领域。在弟弟的婚礼上，正牌婆婆看到了当年抢走自己老公的第三者，分外眼红。借口对方不注重场合的穿着要教训一番，毛豆豆极力拖延，并且低声下气地求她："看在弟弟婚礼的份上，这次不要和她计较了。"结果避免了两个女人的正面交锋。

第二招：虚心接受，不做辩解。剧中余味的亲生妈妈性格刚烈，因为曾经在情感上受到过伤害，所以敏感多疑。因为媳妇从家里给自己和那面分别带了一块肉，她在细细查看了一番后，便对肉的部位提出了质疑：虽然给她的那块肉比较大，但是不是好的部位。给那边的肉虽然小了点，但是猪身上好的部位，价格也要高出四块钱，所以她总结出来毛豆豆给了她哪个部位的肉就说明她在毛豆豆心目中处于什么样的位置。对于婆婆的质疑，毛豆豆百口莫辩，索性不再辩解，不论婆婆怎么说，毛豆豆都是像小学生一样地低下头，说一句："我知道了，我错了。"让婆婆的质疑气势汹汹的挥过来，却打在软绵绵的棉花堆上，怎么也不起劲。

第三招：甜言蜜语，手到嘴到。常言道：做得好不如说得好。对待家里人也如此。两个婆婆从前争的是一个男人，现在争的是儿媳妇的孝心。毛豆豆深知这一点，专拣两个婆婆喜欢的话来说，在尽量不诋毁另一个的前提下维护这一个的自尊心。她不仅说得好，而且做得也好。她会投其所好地给两位婆婆买她们喜欢的东西，并且尽量做到不厚此薄彼。

第四招：婆婆面前，夸奖老公。对于一个婆婆而言，没什么比听到媳妇夸奖儿子更开心的了，你说她的儿子好，就是在肯定她大半生的辛劳。你懂得欣赏你的老公，你的婆婆也会格外欣赏你。因为她发现你们看人的眼光是一样的,是志同道合的人。

剧中的毛豆豆不过是个平常女子,但却有四两拨千斤的功底,真的是值得我们学习。将这些招数运用到我们的家庭中,相信每个女人都会眉头舒展、心旷神怡,将日子过得有滋有味。

记得有一次媒体采访心理治疗师金韵蓉老师,问她什么样的女孩子最讨婆婆喜欢。她说了这样一件事,他儿子的女朋友和她在一起吃饭,大家刚刚坐下来,这个女孩子忽然对她说:阿姨,谢谢你,生了这么好的一个儿子。金韵蓉说那个女孩子并不是条件多么好,但是她却特别喜欢她,因为她太知道自己喜欢听什么样的话了。

很多时候一两句真心的赞美,就能百炼钢皆化绕指柔。

第五节　老公赚得少,该由婆婆补贴家用吗

一个寡居多年的女人独自养大了儿子,然后给儿子找工作,为孩子操办婚事,给儿子买房子。很快,儿子又有了儿子。过了几年,孙子要择校上学,媳妇便让老公回家向婆婆要择校的钱。旁边的人看不下去,她又不缺钱,何必去搜刮一个寡居婆婆的钱包呢?媳妇这样说,因为自己的老公赚得少,所以婆婆拿出一些来补贴家用是理所应当的。对于婆婆,她的原则是能多要点就多要点。孩子小的时候她的婆婆带小孩,附带帮他们做晚饭。婆婆常常抱怨孩子和她要钱买东西,有时甚至在她做晚饭的时候,厨房里连一个菜叶都没有,巧妇难为无米之炊呀!婆婆知道媳妇的意思,那是让自己拿钱买菜呢。婆婆也是靠自己的退休金过生活,看到媳妇这样,很生气,索性有什么做什么,没有青菜就用鸡蛋做一个蛋花汤。再后来,婆婆索性借口身体不适,不再帮他们接送小孩,一个人和朋友逛街、上早市,落得逍遥自在。

她老公在中间也很为难,老婆就是那么个脾气,她的学识经历决定了她的思维方式,总不能够为这些事情离婚吧?总这么吵来吵去也没有什么结果,而且也不能让孩子总在父母的争吵中成长。那边又是含辛茹苦的妈妈,他很清楚母亲这一生的艰辛与无奈。母亲现在到了晚年,自己非但不能为其分担,反倒为其增添烦恼,他非常自责。但是作为一个男人,老婆的收入是他的几倍,她是家中的主要经济来源,所以在这个家里他是没有什么地位和话语权的。

这个老公的确为难,婆婆生气也有理由,但是如果老公赚的少,就应该由婆婆把他少赚的那部分补足吗?

婆婆含辛茹苦地把儿子带大,成家立业,已经完成了她的历史使命。如果还要被媳妇敲打着负担儿子的家用,这是对老人的苛求,这样的晚年还有什么幸福可言?

既然儿子已经成家立业,就应该在经济上自给自足。赚多少钱过多少钱的日子,况且婆婆已经老了,她需要儿女赡养,可是面对这样的儿子儿媳,怎么能够防老呢?

一个人的能力不应该以其收入来判断,不论他赚多赚少,他都还是孩子的爸爸,你的老公。在家庭中所有的家庭成员都是平等的,不能因为赚得多而专横跋扈,赚的少的也不必卑微地大气也不敢喘一口。

如果你不满足老公的收入,你可以帮助他多寻找赚钱的机会,但不应该把压力转嫁到老人身上。我们要清楚每个人的能力都有不同,有的人很会赚钱,有的人就会死守着那份工资,既然选择了这样的人就要接受他这种人生态度,如果不能理解又无法改变,那么请不要给老人压力,离开你的老公,轻轻松松的转身,去选择那些薪水是自己几倍或者几十倍的人共度一生吧!

大家始终都在说着男女平等,如果女人赚的比男人少,是否也应该由岳母将短缺的部分补足呢?

人老了,能力有限,不能因为自己的孩子没有赚大钱的能力,就被添加了许多罪过。我们作为晚辈,能自己解决的事情自己解决,不要给老人压力。

人老了，没有功劳还有苦劳，如果我们没有能力尽赡养的义务，那么就尽量的不要去打扰他们，给他们一个平静的晚年，权当是我们晚辈尽的孝心吧。

随着社会进步，女性能力的增强，女性的经济能力也在不断提升，现在家庭中老公明显赚得比老婆多的，仅有一半，余下的则是两人赚的差不多、甚至有接近三成的老婆赚的比老公多。

但是有些女人认为男人养女人是天经地义的，是男人就该赚钱养家、买房子、买车。其实男人的钱不是大风刮来的，男人不是本来就要赚的比女人多、工作比女人更卖力、职位比女人高的。不要一边积极地争取妇女解放，一边还守着旧观念非要老公养家。

香港演员蔡少芬的老公龙虎武师出身，年纪比蔡少芬小，收入不及蔡少芬多，她都不介意向外界承认这些事实，恐怕她也不会向婆婆要钱补贴家用吧？还有天后王菲，更加不会吧？

第六节　婆媳之战，谁是赢家

有一次吃饭听到旁边桌子上几个年轻女人聊天，严格地说简直是一场小型的婆婆控诉会。其中一个女子和婆婆同住，婆婆帮忙带小孩。她说她带孩子去娘家住了几天，刚到一天，她婆婆的电话就过来了，问孩子在姥姥家吃住的怎么样？习惯不？接了电话这个女子心里就不舒服，说她婆婆怎么对自己的娘家妈这么不放心呢，貌似关心其实是监督。周围几个人也都随声附和。我纳闷了，如果她婆婆几天不打电话她还会说她婆婆不拿她们娘俩当回事，走了几天一个电话都没有；然而打了电话，她又会说婆婆多疑，对谁都不放心。这婆婆真是难做了，左也不是右也不是。我有一个朋友开玩笑说不给中国女人当婆婆，将来一定要自己的儿子娶个外国媳妇。不然将来给儿媳妇看孩子也不是，不看孩子也不是，反正怎么都是不对。我朋友说的当然是气话，将来她儿子也不会为了孝顺她而一定要来一场跨国婚姻，就当是我朋友的美好想象吧，当然不是所有的婆婆做得都好，我还有一个朋友的婆婆就非常有意思，她儿子不在家的时候她什么都不做，恨不得饭都让媳妇喂到嘴里。但她儿子一回家，她马上就是另外一副样子，拼命干活"表演"给儿子看，好像媳妇是个虐待老人的大恶人。老公私下里用语言暗示她妈妈是老人，你还年轻，不能太懒惰。朋友觉得委屈，和老公说婆婆的另一个样子，但是老公生气了，说你不孝顺老人，怎么还反咬一口呢？

时下热播的电视剧《我的美丽人生》里面有一句非常耐人寻味的台词：夫妻之间没有输赢，但是婆媳之间却一定要有个输赢。很多女人不假思索地将这句话奉为真理并在生活中严格执行，当然这些女人里面不仅包括作为年轻媳妇的"小"女人，也有为人婆婆的"老"女人。

长久以来婆媳都是天敌。

都说"爱屋及乌"，婆婆和媳妇爱着同一个男人，但真正做到爱屋及乌的却是少之又少。很多时候婆媳之间不仅做不到爱屋及乌，甚至还会因为爱着同一个男人而厌恶对方。这份爱是自私的爱，不愿与人分享。一旦发现有人分享，便会心生嫉妒，千方百计想让男人爱的天平朝自己这边倾斜再倾斜，最好完全一边倒。于是便有了所谓的战争。婆婆语重心长地告诉儿子是怎么十月怀胎一把屎一把尿把他养大的，不能娶了媳妇忘了娘；媳妇也是动之以情的告诉老公是我为你生儿育女，陪你走过人生的旅程的人。男人为难了，受起了所谓的"夹板气"。

大家都明白家不是讲理的地方，是讲爱的地方。所以，每个女人很要清楚对自己的爱人没有必要每件事情都要弄出个谁对谁错，毕竟家里不是法院，就是错了也不能给谁判个三年五年和无期徒刑吧。但是婆婆和媳妇难道就不是自己的家人吗？为什么可以对自己的孩子和老公讲爱，却一定要对自己的婆婆和媳妇讲理，一定要弄出个青红皂白、谁对谁错呢？

说到底，在婆媳的这场斗争中，不论谁武功高强赢得了战争，都不可避免伤害了中间那个男人。在婆媳为了斗法而处心积虑时，似乎都忘记了那个她们共同爱着的人。

　　作为婆婆要相信自己宝贝儿子的眼光，他选中的女人自然有值得他爱的地方，要用一双欣赏的眼睛来看待自己的媳妇。同时身为人妻，也要知道感恩，不论婆婆有多少缺点，毕竟她为你生养了你爱的那个男人，这份恩情就值得报答一生。说句玩笑话：要是没有这些令你们讨厌的婆婆，那么满大街不都是嫁不出去的"剩女"呀！

　　婆媳之间，没有输赢，只有两败俱伤。因为不论哪一个赢了，都会伤害一个男人的心。
　　爱一个人，如果没有能力让他每日锦衣玉食、如沐春风，那么就让他尽量地轻松愉快吧！

男人要做双面胶

　　婆婆和媳妇开始的时候都还像客人一样的恭维客气，时间久了，同一屋檐下，磕磕碰碰在所难免。如果处理不好，不论是婆婆看儿媳，还是儿媳看婆婆，总有点"越看越相厌"的意思。不论是哪种家庭，总是难以避免地传出"婆媳不和"的声音。即便我们熟悉的娱乐圈也是如此，台湾大美女贾静雯嫁入豪门却被冷落，根本得不到婆婆宠爱，最后婚姻以失败告终。之前也看到报道：超女出身的叶一茜被指与婆婆关系极差，漂亮媳妇讨不到婆婆欢心，连生孩子都要跑回娘家！

　　男人与男人之间，可以是竞争对手。可女人与女人之间，永远是天敌。尤其婆婆和儿媳，明知是天敌，却又无法分开。然而，对于女人而言，更关心的问题则是：夹在中间的这个男人，你的心会靠向母亲还是老婆？要回答这个问题，必得先弄清楚"婆媳大战"的深层心理出发点。

其实婆婆刁难媳妇，并不代表真的对儿媳不满意，有时候那是一种警示、一种激励：你要对我儿子好、再好、更好……就像是企业中的领导对下属严厉苛责，不代表下属真的很糟糕，仅仅代表希望他做得更好。每一个儿子都是婆婆辛辛苦苦养大的，都是她们多年栽培的胜利果实，遇到一个年轻漂亮女子，就把自己儿子的魂勾没了，试想哪个母亲能够坦然面对呢？这个世界上没有完美的人，但是每个母亲心里的儿子都是非常完美的，所以每个婆婆对待儿子儿媳的问题上，都是完美主义者，她们不希望你有一点点纰漏，不然怎么能安心把儿子交到你手上？

电视剧《双面胶》又让人领略了地域差异对婆媳矛盾的影响。但不论是地域问题还是代沟问题，都不是婆媳矛盾的主要原因，一老一小两个女人，之所以会吵会闹会勾心斗角，只是因为：她们在争夺同一个男人更多的爱！就好像那个问过很多遍的问题，老妈和老婆同时掉到水里，你会先救谁？这是个几乎不可能发生的事情，但是很多人纠结于这个问题，似乎这个答案就是男人心中的天平。被女人纠缠急了，有的男人会气愤地说老婆没了可以再找，老妈只有一个！女人不是自讨没趣吗？如果这个男人说先救你，不救老妈，你会高兴吗？一个对自己妈妈都不好的人，会对谁好呢？而且你终将也会为人母，你的儿子也会面对这道选择题，你希望他如何选择呢？

说到底，矛盾的根源在于两个女人同时爱着一个男人，她们类似于男人的两个情人，在不同的程度上，以不同的名义争风吃醋。

这个时候男人的表现就显得格外重要了，不论你做过多少，都不如有一张会说的嘴。尤其是老人，更是喜欢听甜言蜜语。夸老妈年轻，做饭手艺好，比餐馆里的好吃很多倍。夸老婆漂亮懂事，知道疼人。在甜言蜜语的同时，再加上点物质奖励，相信男人就是一块能说会道的双面胶了，一定会将两个女人紧紧地、牢牢地、安稳地粘在一起。

第七节　要向推销人员学习该如何和老人相处

记得一次媒体采访大、小S，问她们在母亲节送给徐妈妈什么生日礼

物。大 S 送徐妈妈一款价值不菲的限量款包包，小 S 则送给徐妈妈甜言蜜语和热情拥抱。问徐妈妈收到哪一样礼物更开心，徐妈妈说笑着回答：同样开心！但是大 S 表示其实妈妈更喜欢小 S 那样的蜜语甜言，但是她做不来。

曾经有朋友和我唠叨，说自己的父母人老了，忽然变糊涂了。不知道哪个子女是真正地对他们好，都是那些会说话、会来事的子女更得老人欢心。

有时候我也想，是不是到我老了，也会变得越来越糊涂？不知道谁是真的对我好？

有一天我儿子问我：妈妈，帅哥长什么样子？我告诉他帅哥就是他的样子。他马上回答我：我知道了，因为妈妈是美女，所以生出来的小孩一定是帅哥！说实话，我虽然不是久经沙场，但也算是有点阅历了。可是来自这位小小异性的夸奖还是让我心情大好，让我觉得为他做任何事都心甘情愿，非常值得。

我还没老就先"糊涂"了！

看来，不分年龄不论性别，谁都喜欢听那些发自内心的蜜语甜言。

既然我们喜欢听，那么别人肯定也一样。我一直是讷于表达的人，总觉得和亲近的人说那些"蜜语甜言"我的脸会红，非常不好意思。毕竟都是家里人，用不着那么客气吧！可是我慢慢发现，我们常常要照顾外人的情绪和心情，所以很注意说话的方式、内容和态度，在对家里人的时候却明显懈怠了。能在意外人的感受，为什么就不能让自己的亲人也心情舒畅呢？后来我也学乖了，嘴里先抹了蜜然后再说话。我妈妈 60 岁了，保养得好，的确显年轻。我就常夸妈妈年轻、皮肤好，比同龄人看着更有气质，即便穿着平常衣裳站在人群中也会与众不同。我还夸妈妈做的饭菜，同样的材料同样的做法，我们就是做不出妈妈的味道来。说完这些，我将妈妈胳膊挽住，再奉上我乖巧的笑容，妈妈开心极了！

工作以后我几乎没给过妈妈钱，甚至在我怀孕初期我妈妈还给我买"淑女屋"的连衣裙，因为我很喜欢那条连衣裙，当时觉得贵舍不得，妈妈怕我生完孩子身材走样穿不出味道来,于是在我刚怀孕两个月的时候她给我买了那条白色碎花连衣裙。那时候我还没有100斤,是年轻漂亮的准妈妈!妈妈常说不用你给我们买什么,我们什么都不缺,只要你惦记我们,遇到事情肯为我们张罗,我们就很满足了。

我觉得我妈妈的话表达了很大一部分老年人的态度,他们的要求其实很简单。但他们真正的需求可能不在物质上,而是来自精神上的关爱和照顾。

那些抱怨老人糊涂的年轻人,请思考一下自己的行为。老人唠叨的时候,你有没有认真倾听,并且好言劝慰;老人犯错误自责的时候,你有没有陪上笑脸告诉他其实都"无所谓";在和老人散步的时候,你有没有亲昵地挽住他的胳膊?

其实,老人就是小孩子,喜欢被夸奖,喜欢被关注。不需要孝感天地的大动作,有时几句贴心的话语、亲密的动作就会让他们心里甜如蜜糖。

人老了,但是他们并不糊涂,他们知道谁是在花钱敷衍,谁是真正用了心。

要向推销人员学习该如何和老人相处

现在很多年轻人说自己家的老人老了,糊涂了,好像失去明辨是非的能力了,为了所谓的健康,什么冤枉钱都舍得花。在推销人员的花言巧语下,老人会一掷千金地购买保健品。往往昨天是螺旋藻,今天是松果体素,明天可能又是治疗风湿病的天价护膝。年轻人不明白,为什么自己的父母年轻的时候理智果断,阅历丰富,怎么越老越糊涂了呢?的确,对一个人来说健康是第一位的,尤其是人到老年,似乎一切都是身外物,只有身体好才是最重要的。但是想要追求健康,应该选择更有效的方式,例如锻炼和营养等,所以年轻人实在是无法理解疯狂购买保健品的行为。

如果我们换一个角度看,老年人这么狂热的购买保健品,有着为了健康的目的,还有一个很重要的原因,那些保健用品的推销人员非常热情周到,总是热情洋溢地出现在老人面前,在电话里"叔叔阿姨"亲热地叫着,来了家里,只挑老人喜欢的话说,然后家里有点什么活,只要赶上了二话不说挽起袖子就做,这让很多空巢老人恍惚中似乎感觉到了尽享天伦的幸福。孤独的时候有人陪伴,说些让自己开心的话语,那些来自细微处的关心让老人觉得非常受用,所以为了这些,老人宁愿用掏钱买保健品的方式来获得这种感受。

很多时候,老人花大价钱买的并不是那些能够保护健康的保健品,而是那份本应该来自于自己儿女的关心和体贴。如果年轻人能够像推销人员一样对自己的父母事无巨细、嘘寒问暖,是不是老年人就多了一份对于推销人员的抵制能力呢?

向卖保健品的推销人员学习,拿出时间和精力对老人嘘寒问暖、事事关心,是不是就没有所谓的代沟了呢?

第八节 婆媳之间真的可以亲如母女吗

很多女人结婚后会抱怨,说婆婆口口声声说把自己当成是她的亲生女儿,但是在长久的共同生活中,是女儿不假,但是似乎和这个"亲生"相距甚远。

有个朋友说了这样一件事,她留披肩发,每次洗过头发不到两天头发又是油油的了,因为她每天在家里要做早饭和晚饭,每餐都要炒上三四个菜,头发能不油吗?所以她隔两天就要洗一次头发,婆婆问她怎么头发洗得这么频繁?她说因为总在厨房里炒菜,所以头发很快就油了。然后她的婆婆转过身回自己房间,过了一会拿出一个浴帽,说以后让她戴上浴帽炒菜,免得头发油!

朋友抱怨说,这就是总在外人面前把自己当成"亲生女儿"的婆婆!

要是真的把自己当成了亲生女儿，哪个亲妈会在自己女儿抱怨自己总下厨房头发油之后，找出个浴帽来让女儿戴上？若是亲妈早在家里把晚饭准备好，等女儿回去吃了。

这位朋友不开心，因为她觉得婆婆很假，没有把自己当成"亲生女儿"。其实她自己也不够真实，因为她也没有将婆婆当成自己的亲生母亲。不然为什么会不开心，而不当面对婆婆说请你也分担一部分家务，而不是拿出一顶浴帽来表示自己的关心呢？

"亲生女儿"这四个字不是说说那么简单的，毕竟没有经过十月怀胎的辛苦，也不曾吃过她的奶水，怎么可能因为和她儿子结了婚，忽然就有了"亲生"的那种感觉了呢？这个可能不是没有，但是可能性太小。

如果你想让婆婆当自己是亲生女儿，那么首先你就要当她是你的亲生母亲，而不是一个亲近的外人。

我有一个老年女性朋友，夏天的时候我们在商场卖鞋子的地方遇到。和她同行的还有一个可爱的年轻女孩，她告诉我那是她刚刚结婚的儿媳妇，年轻的80后。这个女孩子很细致地试穿了几双鞋子，然后转过来又问我的朋友哪一双更好看。几番对比后，女孩终于选中了一双桃红色的平底凉鞋。付钱的时候，我的朋友递给女孩子四张百元人民币，女孩子接过来后对我朋友说：妈，还差六十八元呢？这双鞋子四百六十八！我朋友笑着说：那六十八你自己拿吧！然后两个人相视一笑，很是自然。

后来我问朋友怎么和儿媳妇处得这么融洽呢？我朋友说就当成亲生女儿，陪"女儿"逛街，"女儿"逛街的时候自己带上钱袋。给自己的女儿花钱，把女儿打扮得漂漂亮亮的，哪一个母亲不愿意做呢？

朋友的话的确有道理，我问她"女儿"对她如何呢？她笑着说很好呀，自己只生过一个儿子，没有体会过养女儿的乐趣，她一直梦想着自己能有一个女儿然后把她打扮得像一个美丽的小公主。所以，这个儿媳妇的到来填补了她作为母亲的一个空白，帮助自己实现了养一个女儿的乐趣和幸福，因此给儿媳妇花钱买东西，让她高兴，自己就开心了。朋友幸福地笑着说，这个"女儿"很是会甜言蜜语，每次去做美容也都拉着自己,买什么礼物也都记得给自己带一份,而且出去旅游也愿意带着她这个老太太,一点不嫌烦。朋友说觉得儿子娶了媳妇之后自己都变年轻了很多,老公说她什么新生事物都知道,是一个很潮的老太太!

看来,婆媳两个人之间像亲密的母女一样相处,不是完全不可能的事,但是需要两个人同时都要坦诚相待,不能够把对方当做一个熟悉的客人。

这是我在网上看到的一个帖子,大家看过之后,心里或许会明白一些。

婆媳关系,没有必要强求有多么亲密无间,许多时候平安无事就好。

怀孕了,妈妈知道后问,预产期是什么时候啊? 答曰:七月份。妈妈说,怎么选在这个时候,坐月子多热啊,又不容易坐好,大热天儿的,要能提前一个月就好了!

怀孕了,婆婆知道后问,预产期是什么时候啊? 答曰:七月份。婆婆说,选在这个时候好啊,小孩儿不容易着凉,在肚子里和外面温差不大,上学又不耽误,多好!

早孕反应很厉害,吃什么吐什么,妈妈心疼地说:给你做点什么吃好呀? 看你这脸色难看的,想吃什么尽管说,爱吃就多吃点,不爱吃妈再给你做!

早孕反应很厉害,吃什么吐什么,面对一桌子菜,婆婆心疼地说:你现在就得多吃点儿,一个人吃两个人的饭呢! 你不吃小孩儿还要吃呢,吃了吐那就吐了再吃呗!

孕中期是最快乐的,眼见着肚子鼓了起来。妈妈望着日新月异的肚子说,现在裤子紧不紧呐,我给你买了两条,试试看能穿不? 还有这个背带裤、内裤、胸罩也都试试看! 看这小毛衣好看吗?

孕中期是最快乐的,眼见着肚子鼓起来了。婆婆望着日新月异的肚子说,小孩儿的东西都准备了吗? 听说衣服得买医院的? 小杯子小褥子做了吗? 看我豆包布都给准备了,就差序棉花了!

我终于生了，医生从产房里出来的那一刻，妈妈问医生："产妇怎么样啊？"

　　我终于生了，医生从产房里出来的那一刻，婆婆问医生："生男还是生女？孩子好不？"

第九节　该支付婆婆看孩子的钱吗

　　在网上看到一位妈妈的文字，她说她的婆婆在她没有小孩的时候曾经说过要帮她带小孩，现在孩子有了，她想出去工作，让婆婆来帮助他们带孩子，虽然他们不住在同一屋檐下，但还在一个小区，很近、很方便。可是当她把想法和老公说完后，她老公提出让自己妈妈看孩子可以，但是得像开工资那样支付给他妈妈钱！这位妈妈很困惑，她认为婆婆看的是自己的孙子，怎么能要钱呢？

　　有很多人给她出主意，有的说不如给她钱，这样使唤起来也仗义；也有的人说不给，干脆不出去工作，自己在家看着，奶奶看得再好也不如自己妈妈好；还有的人说要不要钱是人家的事，而给不给钱是你自己的事。

　　这样的事情我没经历过，在孩子小的时候我会选择做全职妈妈。但应不应该支付老人看孩子的钱，我有我的想法。

　　我觉得作为父母有义务抚养孩子，可是作为隔代人的奶奶、姥姥她们却没有这个义务。如果她们愿意伸出手来帮忙，我们应该感激，因为这不是她们分内的事。如果不帮我们带孩子，她们可以去公园打太极拳，也可以和老姐妹逛街聊天，自由自在地享受晚年生活。

　　对于年轻的妈妈来说带小孩是一件累人累心的事，那么对于老人来说就会更加辛苦。自己的孙辈，闲来无事时亲昵一会儿，那是享受天伦之乐。可是如果这个孩子一天的吃喝拉撒睡全部都是由老人来负担，恐怕老人心里也有不小的压力吧！

　　如果老人帮你带了小孩，那么她们在时间和精力上都付出了很多，给一点物质上的报偿是应该的。我们换一个角度想，如果看孩子的不是孩子的亲奶奶，而是家政公司请来的保姆，我们是不是要付给人家工资？如果孩子的奶奶看别人家的小孩，那么小孩的父母是不是也一样要支付薪水给她？法律上没有哪一条表明孩子的奶奶就有义务无偿带孩子，当然若你心里过意不去，要付工资给老人家，老人家还未必肯要呢！

支出的这份薪水不仅仅是金钱，而是对老人辛苦劳动的肯定，更是对她精心照顾宝宝的一种感激。

没有几个老人会真的因为带孩子而向自己的儿女要钱，有位妈妈就拿自己的婆婆没办法。义务带孩子，一分钱不要，买衣服送给她也不肯要，说自己什么都不缺。自己想报答对婆婆的感激都没有途径，非常苦恼。

这世界上有许许多多的家庭，每个家庭的情况都各不相同。有的老人生活富裕，有足够的养老钱，同时身体健康，以含饴弄孙为人生的乐趣。也有的家庭经济不富足，老人想在能动弹的情况下多留一些"过河钱"，这也很正常，所以为自己的付出索取回报也是应当的。还有的老人宁愿出请保姆的费用也不愿意带孩子，他们觉得自己曾经活得很辛苦，所以想开了，在晚年不受任何羁绊，即便是自己的隔代人。

你如果遇到了以上某一种老人，你可能欣喜，也可能气愤，但是你都挑不出老人任何毛病来。因为做父母的要清楚，孩子是我们自己的，除了我们自己，谁也没有义务为他无私付出。

第十节　精神赡养很难吗

一次我在公交车上听见两位老人聊天。其中一位老人丧偶独居，听她的意思是儿女三个，都有各自的生活。儿女们也孝顺，在物质上毫不吝啬。因为自己也没有帮助儿女们带过小孩做过家务，所以现在自己老了,也不好意思让儿女们过来和自己共同生活,更不好意思去儿女家养老了。她现在七十多岁,身体还好,不过夜晚一个人守着大房子常觉得害怕。

《老年人权益保障法》修订草案在"精神慰藉"一章中规定:家庭成员不得在精神上忽视、孤立老年人,特别强调"与老年人分开居住的赡养人,要经常看望或者问候老人"。从前听说过有的子女不支付赡养费用,被老人告上法庭,法院强制性地判决每月在子女的工资扣除部分作为老人的赡养费,让当事人十分难堪。

不过赡养费可以由法院强制执行,每个月在工资中扣除一部分即可,这部分钱可以满足老人基本的生活费用。可是"常回家看看"这一条,该怎样由法院强制执行呢? 难道要由法院的工作人员每周末强制把子女带回到父母家中,和老爸谈谈工作,听听妈妈的唠叨? 或者由工作人员强制性的让子女帮老人"刷刷筷子洗洗碗"? 这显然不现实,执行起来也没有一个统一的标准。

真是想不明白,回家看自己的爸爸妈妈,难道就真的那么难吗? 甚至还需要法律来规范和实施吗?

二十年前,还不是双休的大礼拜,每到周日,谁家不都是子女领着孙辈说说笑笑的回家看父母,现在变成双休日了,还有各种名目的大长假、小长假,为什么子女回家看看父母却变得那么难了呢? 现在的老人说盼孩子回家就好像盼星星盼月亮,见孩子一面像见"天王巨星"一样难! 年轻人到底在忙什么? 竟然忙到回家看下父母都需要法律来强制?

有的年轻人很早出来求学,毕业后一直在外打拼,所在的城市远离家乡,一般的大礼拜和小长假要是回去,时间都搭在了路上,恐怕还不够。好不容易遇到大长假,可能还会有突如其来的加班和无法推掉的应酬,再加上黄金假期一票难求,所以回一次家,在经济上和时间上都是难事。他们隔三差五的往家里打个电话,每次说的也都是同样内容的话。面对母亲在电话那端的询问:什么时候回来? 他们也一样问自己,什么时候可以闲下来? 可以一身轻松地陪爸爸妈妈住几天,说会儿话呢?

姿态,女人的幸福密码

有人说这一生我们还可以陪妈妈吃多少次饭呢？陪妈妈吃饭，是件最简单不过的事情，但是在很多家庭中，这件事情完成起来却是那么难。

也有的子女和父母住在同一个城市，可也是几个月父母也见不到他们一面。都是三四十岁，事业的爬坡阶段，平时工作都忙，到了周末，又想做做家务，陪孩子上各种辅导班，也想休息下，调节一下压力之下的疲惫心情。

当然也有一小部分年轻人心里根本没有父母，他们只为自己活。认为时间是属于他们自己的，由自己随意支配，和家中唠叨的爸爸妈妈没有什么共同语言。他们喜欢和朋友通宵 K 歌、玩麻将，甚至在网上和网友闲聊，也不愿意去陪伴自己的父母。

常回家看看本是一件非常简单的事，做起来却是那么难。有的城市甚至作出相应的规定：不和老人居住在一起的子女必须每周抽出两个小时陪伴父母。

可是同样是回家看看，也会有千差万别的结果。有的子女能够利用这两个小时帮助父母打扫卫生，做一餐可口的饭菜，或者陪老人说会知心话。而有的子女就是硬性地在父母家中坐上两个小时，仅仅是为了完成"看看"老人的任务而已。

你养我小，我养你老，这是天经地义的。我们养孩子不仅要给他一个好的身体，也要让他心理健康。老人也如此，他们不仅需要物质上的赡养，更需要精神上的赡养。

不论有多么困难多么不容易，都不应该阻止我们回房的脚步。树欲静而风不止，子欲敬而亲不待。想要孝顺就趁早，不要等到无人可孝顺时再去痛哭、悔恨。

这世上只有狠心儿女，没有狠心爹娘，子女不回来看望大多父母都会在心里给子女找千百个理由，而我们做儿女的，就不应该再给自己找理由了！

第五章　轻轻松松，做聪明儿媳

第十一节　在教育上和老人观念不一致怎么办

有一天，一位妈妈问我：小桥姐，在孩子教育的问题上和老人有分歧怎么办呢？我问她具体在哪些方面和老人有分歧呢？她说老人一点看不得孩子哭，不论对错，只要孩子哭了就不行。在孩子发生了问题后，她会批评孩子，一旦孩子哭了，老人很是受不了，就阻止她再管孩子了。她说这样导致她不能够在孩子发生问题的时候及时地纠正，还弄得家里人都不开心。

记得有个妈妈曾经和我说过她婆婆看到她给孩子买那么多的幼儿书籍，很是不理解，总说够了够了，把那些钱用来给孩子买吃的多好，还能长身体！同时婆婆还举例说明她养儿子的时候就什么玩具和书都没有，不也一样上大学！她和婆婆解释她以后每个月少买一件衣服，用省下来的钱给孩子买书看！

其实人和人之间是有很大差距的，妈妈和爸爸在孩子的教育上都可能存在观念上的差异，更何况是作为隔代人的爷爷奶奶呢？出现分歧是再正常不过的事情，有问题不怕，只要我们找到能够解决问题的方法。

首先，作为老年人应该清楚孩子的父母才是他的监护人，他们要跟随孩子更长的时间，他们知道什么是对孩子负责任。现在的育儿观念和几十年前有很大不同，不能够“以我吃的盐比你吃的饭多”为理由强制年轻人依照自己的方式来教育孩子。如果想教育孩子，那么老年人也应该不断地学习新的教育理念，不能一味地依照老方法来对待。同时在年轻人管教孩子的时候，老年人应该采取回避的态度，免得看着孩子哭心里不痛快，转而迁怒于年轻人。如果在年轻人管教孩子的时候，老人看不下眼去，出面去管教年轻人，孩子就找到了长辈这把强有力的保护伞，马上会投奔过去，这样会导致父母的教育工作前功尽弃。

如果老人对年轻人的教育方式存在异议，那么就在年轻人教育完孩子以后,避开孩子,心平气和地单独和年轻人说出自己的想法,而不是一味简单粗暴地制止。

其次,作为年轻人也应该虚心听从老年人的建议,毕竟是过来人,不可能他们给的建议一句对的都没有。我们静下心来想想:有时候老人说的话还是很有道理的。但是当时在气头上,我们无论如何也听不进去。老人的话不一定全对,但是肯定也不会是全错。举个例子说,我们身边都会有几个朋友因为在月子里不听老人的劝告落下头痛、脚疼的毛病吧!在孩子感冒发烧的时候,老人的一些退热小方法还是很简单实用的吧!所以,对待老人提出的建议,我们要以尊重的态度来对待,但是否要接受并实行就要三思而后行?

毕竟他们是长辈,他们对待孩子的心是好的,尽管会有溺爱,但是我们到老的时候,你能保证自己不会对孙辈溺爱得更加厉害吗?

同一屋檐下,难免有意见不统一的时候,尤其是问题一旦涉及孩子,都变成了大问题。不过话说回来,年轻人工作忙要老人帮忙照管孩子,接送幼儿园甚至准备一日三餐,老人是搭钱又搭精力,甚至有的老人比孩子的父母做得都要多。

如果说孩子就是一家股份制公司,那么老人用他们付出的精力在这家公司入了股,他们是这家公司的股东,既然是股东,就有提出意见的权利和义务。同为股东,意见不统一、有所冲突也是在所难免,毕竟大家的出发点都是好的,都是为了公司的前程和更好的发展,所以大家要彼此尊重互相理解。总不能够在需要老人帮忙的时候将孩子推给老人,在教育孩子的时候又要求老人沉默吧!

年轻人可以想一下,老人带了一天孩子十分劳累,然后你下班回家因为一点小事劈头盖脸把孩子一顿教训,老人又该是怎样一种心情?

年轻人要和老人互相理解,互相尊重,在孩子的问题上大方向一定要保持一致。

把自己想象成婆婆的女儿

一次一个年轻的孩子妈妈和我倾诉,发生在她家里的一件小事,但是这件平常的小事却影响了她几天的心情。

因为她和老公工作都很忙,小孩又不到上幼儿园的年龄,所以她婆婆把公公一个人留在家里,自己从老家过来帮他们带小孩。她是一个通情达理的高级白领,对待婆婆非常礼貌客气,相处和睦。她的小孩聪明,唯一的缺点,是吃饭不太好,吃得很少,也挑食,每次婆婆都是很耐心地哄着孙子,一口一口地喂他吃饭。她和婆婆说过多次这样下去是不行的,孩子不能总在我们的身边,总要去幼儿园、上小学,幼儿园那么多小孩,老师怎么可能有时间一口一口地喂他吃饭呢?婆婆却不这么想,她觉得自己带孙子一天,就愿意喂孙子吃一天的饭,至于上幼儿园以后老师有没有时间喂他吃饭,自己就管不着了。而且婆婆认为孩子成长都有一个过程,可能两岁时吃饭不好,需要大人追着喂,到了三岁,自然就爱上吃饭了,自己也能主动吃了。可是她却不这样想。她觉得在家里不给孩子养成良好的就餐习惯,到了幼儿园一定会遇到很多困难,也给老师的工作添麻烦。

一天晚饭的时候,婆婆又不厌其烦地喂孩子一口一口地吃饭,孩子东张西望、躲来躲去,她的火一下子窜了上来。她告诉婆婆再不能这样娇惯孩子了,以后一定要让他自己吃饭。婆婆马上也火了,放下饭碗,回到了卧室,怎么劝也不肯出来。

她觉得自己有点过分了,晚上她一个人来到婆婆的卧室,和她承认了错误,自己刚才语气重了些,希望婆婆能够原谅。可是婆婆依旧余怒未消,不肯原谅她。

她打电话和我诉说她的委屈,她觉得自己没有什么错,目的都是为了孩子好,而且自己也去给婆婆道歉了,为什么老人家还不开心呢?

其实婆婆的心情可以理解,一个人把自己的老公放在家里,千里迢迢地来到儿子家看孙子,环境陌生不说,还要每天负责孩子的饮食和各种家务,心理和身体上都比从前劳累很多。喂孙子吃饭这件事情,在婆婆看来就是自己爱孩子的一种方式,自己的孙子喂他吃饭不是很正常吗?难道还要别人管吗?

这位妈妈是一个通情达理的人,对于婆婆从老家来为自己带小孩,心里充满感激。所以在生活中对于婆婆非常照顾,在精神上和物质上都最大限度地满足老人。但是她认为养一个孩子是为了让他更好地成长,所以我们现在都在学习科学喂养。即便是自己的长辈,也应该按科学的方式来带小孩,因为我们都有一个共同的目标,为了孩子好。

因为婆婆一直为那晚的事不开心,一家的空气始终不轻松。我问她如果她现在不是婆婆的儿媳妇,而是婆婆的女儿,那么事情就是这样子的,自己的妈妈把爸爸一个人放在家里,然后去外地给哥哥嫂子带小孩,结果又因为育儿理念不够科学被嫂子纠正,做女儿的她会怎么想?会不会让妈妈马上回老家不要再给哥哥嫂子带小孩了,既然嫂子那么有能力,为什么不自己带孩子呢?凭什么对婆婆指手画脚呢?

很多事情换个角度思考,就是另一个结果和感受,可能就会理解对方的心思了。

因为我们不是婆婆经历十月怀胎一朝分娩生下来的孩子,所以我们不可能像真的母女一样亲密无间没有距离。但是,我们可以掌握一些处理问题的技巧和方法,让我们变成其乐融融的一家人。

我不知道这个小孩是不是一个礼物
但我知道我的生活不再原地踏步
陪他长大给他很多很多的爱
让他拥有自己的灵魂和梦
因为一个小孩是一个神秘的存在
跟星星一样奇异　一样发着光
跟水果一样新鲜　花儿一样芳香
凭空而来　一个温暖的家
一个礼物　我的星星　星星

——齐豫《女人与小孩》

第一节　和你一样的那个小孩

如果说，生命最终是一场幻象，那么我们来这世间的意义便是——
当有一天终老之时，这世间会有至爱对我们念念不忘。

"丁克"与"白丁"

前段时间一个丁克了十几年的"女强人"朋友终于当上了妈妈！大家都打趣说他们夫妻这么多年"白丁"了！

女友是一个标准的"女强人"，一心一意地做事业。以往谁要是和她提生孩子，她会觉得那是非常没有追求的事。她认为一个女人如果不在年轻的时候去做一番事业，不轰轰烈烈地活一回，好像枉来人世这一遭了！她的老公也尊重她的选择，幸福的婚姻各有不同，不一定只有三口之家才是幸福的标准模式。

可是在女友快四十岁那年她意外怀孕了，她依旧很坚决地想做丁克，放弃这个胎儿。但是她老公坚决要留下这个孩子，他身边的同学和同事们的孩子几乎都上了小学、初中了，每次和朋友一起出去吃饭，看着人家孩子在身边绕来绕去，时不时地表现出那么一份天真无邪和童言无忌，让他觉得生活特别有趣，好像别人家的日子都比自己的日子更有希望也更踏实。女友不这么想，她年纪大了，要是想当妈妈二十几岁的时候就可以生一个小孩，现在已经错过了最佳生育年龄，而且身体状况大不如前，再有一个孩子，自己恐怕没有那么多的精力照管孩子，而且自己打心眼里不喜欢小孩，又吵又烦，真是不敢想象这个家里添了一个小生命会乱成什么样子！

后来女友的父母和朋友轮番做她的工作，晓之以理，动之以情，毕竟这可能是女友此生最有一次当母亲的机会了。错过了，谁能够保证她到了老年的时候不会后悔？如果那个时候后悔了，也于事无补。

还好，尽管孕期反应特别强烈，女友还是坚持了下来。九个月后，她成为了一个白白胖胖的男孩的妈妈。

后来的女友完全变了一番模样，不仅不再是从前的"女强人"了，而且张口闭口的妈妈经，在她眼里小孩就是天下最值得珍惜的。她用曾经对待事业的热情来养小孩，一个人带孩子，事无巨细，都要关注。在我们眼里，她俨然就是一个有过多年育儿经验的模范妈妈了！

女友一直特别感谢生活，让她在人到中年的时候还可以成为一个孩子的妈妈。我问她放弃了如火如荼的事业有没有后悔？毕竟是那么多年努力得到的事业，这样放手，的确有点儿可惜。

　　她说了这样一段话。

　　从前我的重心主要放在了事业上，晚上研究方案，周末加班，一个月也没机会和老公吃几次晚饭。妈妈给我打电话让我回去吃饺子，常常是我到我妈家取了饺子话都说不上几句就匆匆下楼了。太多次妈妈忍不住给我打电话，我都说正在开会不方便说话稍后打过去，可是我一次也没记得给妈妈回电话。自从我当了妈妈，一天天和孩子朝夕相处，我忽然发现以往那些风风火火的风光生活其实不是人生最重要的东西，我很享受和孩子在一起的点点滴滴，也喜欢在下班后和老公分享孩子成长的每一个过程。我觉得在我儿子四个月长出第一颗牙齿的时候，我的兴奋心情绝对超过我为公司签下一个大客户的成就感！而且通过照顾孩子和这些琐碎的家务，我非常感谢从前老公对我照顾和支持，现在我的时间多了，我也试着开始学习烹饪，希望可以弥补以往对于老公的欠缺。

　　最重要的是，我知道作为一个母亲，健康的生一个孩子，完整地养大一个孩子有多么不容易。只有在我当了妈妈之后，我才深刻地体会到我的妈妈是多么伟大，而我从前竟然连和妈妈说句话的时间都没有。我真的有那么忙吗？周末晚上我能和朋友去唱歌放松，却想不起来回家陪妈妈吃顿饭。我很感谢我的孩子，他让我知道了什么是这个世界上更重要的东西。

　　的确，不论在什么时候，一想到这个世界上还有一个和我们血脉相连的小人，内心里都会无限温暖柔和。

一样的面孔

　　一天中午收拾抽屉，偶然看到了我在夏天时拍的一寸标准照。拿到眼前细细端详，圆圆的脸，尖尖的下巴，笑起来有一点儿歪歪的嘴巴，越看越觉得像一个人。可是，像谁呢？

想来想去，刹那间，豁然开朗。原来，和铁锤去年拍的一张照片的表情很像：圆脸，尖下巴，笑起来嘴巴有点儿歪歪的。想起曾有朋友说起铁锤长得像我，因为我们笑起来的表情都是坏坏的。前段时间看到大学时的好友，她儿子看起来和她很像，当把我们的看法告诉她时，她大笑，说："你们不知道，凡是看到过我们的人，都说我们两个像得都滑稽！"是呀，都滑稽了，那一定是像得不得了。看来，你生的小孩，即便是和你眼睛大小不一样，皮肤深浅不同，可总有那么一点东西，证明着你们剪不断的关系。

记得铁锤刚出生的时候，看着那张皱巴巴的小脸，丝毫看不出父母的印记来。可是双方的老人们都很具慧眼地分辨出像自己家人的特征来。奶奶说额头和爸爸小时候一样，姥姥说这肤色就像妈妈，然后在一起说：长相无所谓，端正就好，但要身体健康，要头脑聪明。可是看在眼里，总是像自己家人的特征要"多"一些。

我认识一个很"重男轻女"的男子，问他为什么有这般老土的想法，没想到他的回答出人意料。他说不是为了传宗接代，而是如果是一个男孩，就有机会看着自己重新长大一回，那该是件多么有意义的事情呀！好像我们爱我们的丈夫，我们愿意到他成长的地方走一走，也更想知道他成长的过程。所以，我们愿意为他生一个小孩，如果是男孩好像看着丈夫重新长大，长成自己喜爱的那个伟岸样子，你不快乐吗？又如男子，看着自己的女儿出落得越来越像自己深爱的妻子，不也是一件幸福的事情吗？

人生，很短又很长，总应该留下一点什么。如果我们不能像建筑师一样留下经典的建筑作品；如果我们不能像音乐家一样留下美妙的声音；如果我们不能像作家一样留下震撼的作品，那么，生一个像我们一样可爱的小孩吧，这将是一个不错的选择。他（她）的一颦一笑都和我们相似,举手投足都有我们的影子。如果他(她)很平凡,那我们就幸福的享受天伦之乐。如果他(她)很出类拔萃,我们也能以平常的心去面对。

当我老的时候,如果能看着年轻力壮的铁锤能够坐在我们对面大口大口地吃饭,时不时地看着我说几句饭菜味道好的话,我就觉得幸福。

当我老的时候,如果能看着我的铁锤带着妻子、孩子亲密和谐地来看我,也不必大包小裹,到厨房里帮我择择菜,我就觉得幸福。

当我老的时候,不论我的铁锤是贫穷还是富贵,是平凡还是显赫,我都会在人前,骄傲地对着那些和我一样的小老太太们说:他是我的儿子,你看他长得和我多像!

养一个小孩,还是养一只宠物

大街上悠闲走着的常常是两类人,一类是怀里抱着小婴孩的,还有一类是怀中抱着宠物的。

孩子和宠物,都是怡人的。

生一个孩子,要先选择好对象,然后等一切条件成熟,再经历十月怀胎、一朝分娩,才可以和孩子见上一面。而养一个宠物过程就不必那么复杂了,宠物店里买的,朋友送的,很方便很简单。

但是孩子是爱的结晶,宠物不是。

正因为孩子是爱情的结晶,一旦婚姻触礁,孩子的归属就成了问题。但宠物和婚姻双方都没有血缘关系,所以很容易解决。

孩子要上幼儿园,上补习班,要花好多钱。但宠物就是平常的护理,不用早教。

养一个孩子责任重大,是不是可以成才,父母的担子很重。宠物则没有这样的担心,关起门来,不和别人比,自得其乐。孩子就不同了,满了六周岁不入学,学校会到你家里来找。

宠物放到外面,一时兽性大发,会伤害到别人,惹来不必要的麻烦。

而小孩则不用担心他去伤害别人，受伤害的往往是他们。

孩子越长越像父母，让父母很有成就感。而宠物养上一百年，也不会长得像你。西红柿就是西红柿，茄子永远是茄子。

孩子能够运用语言，可以在精神上和父母交流。宠物就不可以了，除非你懂它们的语言。

养宠物不用指望它成才养老，所以心里很放松，而养孩子担子很重。

宠物不用听故事也可以入睡，孩子睡觉前还要完成当天的作业。

自家的宠物越看越好，自己的孩子却不能总排第一名。

宠物给它点粮食就吃得很好，然后谄媚地向你摆尾；孩子面对你精心烹制的饭菜，常常没有胃口，让你抓狂。

宠物不会占据你所有的时间，你可以做很多自己想做的事情；孩子则不然，上班的时候你心里想着他，回家后安排他吃饭、做作业、洗漱、休息，每天你都像在打一场战役。

如果你不开心，宠物会乖乖地待在墙角；孩子则不然，你不开心常常是因为他，而他又理直气壮地和你顶嘴，问你为什么不经过他的同意就把他生出来，让你悔恨地捶胸顿足，是呀，为什么呢？

如果你要搬家，或者换工作，没有条件再养宠物，那么你可以转送他人，没有人会说你不负责任。可是不论什么时候什么原因你把自己的小孩送人，小孩一生都会怨恨你，因为你是一个不负责任的妈妈。

养宠物，我们不对它寄予希望，不希望他考上北大清华，所以很快乐。养孩子，我们常常希望，又常常失望。

养一个宠物，心情很放松。养一个孩子，稍不留神，你就会被埋怨。

养宠物很简单，养孩子很难。

几年前曾经有个怀抱小狗的阿姨问我，都什么年代了，怎么那么想不开，生孩子干啥，养个宠物多好！

我回答她，还是养个孩子好。因为季节交替的时候，我的铁锤不掉毛！

第二节　自己的娃自己带

有一次和朋友说起孩子的性格,像爸爸还是像妈妈的问题。结果大家的理论五花八门,有的说像爸爸,有的说像妈妈,还有一个朋友说谁带孩子,孩子的性格就像谁!并且举例说明,一对夫妻因为工作特别忙,请了二十四小时保姆帮忙带小孩,时间久了他们发现孩子的一言一行一举一动都像极了这个保姆,更搞笑的是当孩子和保姆单独在一起的时候,常常说着一口连他爸爸妈妈都听不懂的地道方言!

的确如此,谁带孩子,谁就有机会和孩子近距离接触。孩子还小,没有分析和辨别的能力,所以他们像一块小海绵一样,看到的东西不管好坏,全部都会吸收进去。慢慢地这些东西变成了孩子自己的一部分,在日后的生活中,都会不经意地流露出来。

所以孩子由谁来带,对于孩子的成长非常重要。

很多家庭由身体健康的祖父母辈来带小孩,毕竟有血缘关系,年轻的父母不会有类似会对小孩不好这样的忧虑,非常放心。但是祖父母带孩子也有一定的弊端。

老人带大的孩子要格外重视其心理发育

小桥你好,看了你的文章总觉得对女儿挺愧疚的,由于工作原因,女儿出生后一直由老人带的。直到上了幼儿园小班才开始自己管。在教育方面,总觉得孩子还小,一直处于放任状态。直到中班时,我看了你的博客后,才意识到早期教育的重要性。于是从中班开始我开始全身心地投入到女儿的世界里。女儿在幼儿园里也开始学习识字等功课,现在大概学了三百多个字。但她现在很依赖我,她喜欢听故事,每天晚上都要让我讲一个半小时左右的故事,而且她喜欢听长篇的故事书,我让她帮我读,她总是只念标题,不愿念内容。但我想让她快点认字,可以独立看书。现她这个水平,有什么好的书推荐吗?有什么办法可以让她学会更多的字吗？她到今年九月份就上小学了。谢谢！

上面是不久前一位妈妈给我的留言，我先要和这位妈妈说，不要说愧疚，因为每个家庭都有其独特的情况，不是每个妈妈都有做全职妈妈的机会。只要我们尽最大的努力来抚养孩子，没有什么需要愧疚的。

你说一直都是老人带孩子，上了幼儿园小班才自己管。如此说来小孩是很早就回到你的身边了。你比那些为了自己安逸，始终把孩子放在老人身边的父母已经是很负责了。告诉你关于我的事情，我就是一个在老人身边长大的孩子。因为我的爸爸在外地工作，妈妈在儿科常常要值夜班，所以把我放到奶奶家，到了快上小学的时候父母才把我接到身边来。在休息日的时候父母常去看我，我觉得我并没有被娇惯得不成样子，而且在学习上也没有比在父母身边长大的小孩吃力。当然我的父母很关注我的心理，因为长期不在父母身边，所以他们在我的教育上很讲究方式方法，我没有过一次因为不开心想要跑回到奶奶家的想法。在老人家长大的孩子要格外注意其心理发育。我有一个从小在姥姥家长大的朋友，她告诉我她姥姥把她送回到哈尔滨的时候用一个小布包装着她平常穿的衣服。后来每当她在父母家里遇到不开心的事，就拿起自己的小布包要坐火车回姥姥家。因为这个孩子在老人身边很久，所以他们和孩子之间要有那么一段时间来彼此熟悉和磨合。当然这段时间的长短，要看父母的用心程度，只要你们努力，孩子一定会接纳你们的。

告诉孩子在她很小的时候将她放到老人家里，不是因为不爱她，是因为父母没有带她的条件。现在条件好了，爸爸妈妈将你接回来，从此后，我们就是亲密的一家人了。

很多妈妈看了我的博客都对铁锤的识字经历感兴趣，其实我想说识字并不是早教的唯一方式，之所以会被大家关注，是因为识字这个能力很容易被量化，我的宝宝认识500个字就多过了你家宝宝认识的300个字。我觉得很多妈妈在面对识字这个话题上总有些虚荣的成分。其实只要孩子对识字感兴趣，这就是最好的。说到底一般的成年人最终的识字量都相差不多,而且能将文字运用得很好的那部分人未必就是幼儿时期早期识字工作开展得特别好的。这和个人的天分和环境很有关系。

我把铁锤的识字经历说出来,不过是想告诉大家识字很简单,不要盲目相信市面上那些价格不菲的所谓识字教具。你的孩子今年九月份上小学,认识300个字已经足够了。而且孩子在幼儿园也会不间断地学习,这个识字量你完全可以放心。

不要担心你耽误了孩子早教,早教包含了很多方面,有早期的行为习惯,也有早期的认知,识字只是其中很小的一部分。不能因为孩子没上过早教课就说孩子没有接受过早期教育,我们大人的行为举止、言传身教对孩子来说都是一种早期教育。

孩子为什么不喜欢读书?

读书是孩子获取信息的重要渠道,爱读书是受益终身的好习惯。

你的宝宝不喜欢读书可能是因为她的识字量不够大,所以常会遇到生字,这样读起来很不顺畅。这个问题随着她识字量的加大会慢慢解决的。还有一种可能,你们或许给孩子选择了并不适合她的书。我并不是说书的内容不适合孩子看,而是它的内容不适合你的孩子在这个阶段看。我有一个朋友,她的孩子识字量和阅读量都很小,到了书店孩子只选择看四五岁孩子的书。朋友很生气,和我说孩子都一年级了,怎么只看四五岁的书呢?我告诉她虽然她的孩子读一年级,但是他在阅读上面的经历就和四五岁的幼儿园孩子差不多,所以最适合他的就只是那个年龄段孩子的书。我们要为孩子选择适合他阅读能力的书,可能有的孩子在七八岁的时候就能读《三国演义》这样深奥的书,我们也不要着急,只要我们为孩子选择最适合的,日积月累,孩子的阅读理解能力就会逐步的提高。

阅读是个长期的过程,赢在起跑线上只是表明一个阶段性的胜利,我们都知道未来的路还很长,比的是耐力和韧性。

如果在选择阅读的对象上没有问题,那么我要告诉你一些教孩子爱上阅读的技巧。每个人都有惰性,孩子也是如此,每天躺在床上听妈妈讲故事当然是一种享受了。久而久之,孩子会觉得独自阅读是一件苦差事。我当时是这么做的,我读一段文字,然后铁锤再读上一段文字,接下来我们比较谁读得更好一些。孩子都有很强的好胜心理,他们愿意和妈妈比赛。当然在开始的时候我们要选择比较浅显的内容给他读,这样他会觉得胜算很大而愿意参与这个游戏。有时候我会在读一段文字的时候故意装作有些字不认识,这样铁锤很开心地为我"答疑",时间久了,他就不喜欢听我断断续续地读,而是自己阅读了。

阅读是一种习惯,一旦养成了,想不让他读书都难。

看得出来,你是一位非常负责任的好妈妈,不要责怪自己,教育只要开始了就不算晚。你说你的宝宝很依赖你,这说明你和孩子之间已经建立了良好的亲子关系,这在很多由老人带大的孩子中非常难得,你已经成功地走出了第一步,祝愿你越走越顺利。

虽然传统的祖父母辈帮助带孩子的现象仍然很常见,但父母在孩子成长过程中正起到越来越大的作用,已经有87.9%的0~6岁孩子父母,能够做到直接或在他人帮助下负责孩子的起居、饮食。

据中国儿童中心主任赵顺义介绍,父母的悉心照料,对婴幼儿早期身心的健康成长和亲子依恋关系的建立是十分有利的。

所以,不管是爷爷奶奶、外公外婆还是请保姆带孩子,都不能代替或取代父母,而只能是一种帮忙、辅助的角色。

自己的孩子自己带

一个暑假,我们常常在吃过晚饭后出去玩,渐渐地我们认识了一个和铁锤同龄的小男孩,也是二年级,由他的爷爷带着。认识的第二天早上,在上学路上我们就遇到了。后来的几天里大家都不约而同地在一个地方玩。这天陪他的是他的奶奶,一个年近七十的阿姨。我们在一起谈了今天下午的区统考,说那道关于约数的数学题。通过和这位阿姨的交谈,我知道这个小男孩从出生开始就一直住在奶奶家,爸爸妈妈工作都忙,工作之余还要搞些副业增加收入,所以谁都没有时间管这个小孩。从饮食起居到上学接送,从洗洗涮涮到周末的特长班,都是爷爷奶奶的工作。奶奶身体不好,觉得带孩子非常累心,几次想让儿子和媳妇把孩子接回去,但是人家就是不肯。老人心里也有顾虑,怕儿子媳妇觉得自己是想图清闲,嫌累,不愿意带孙子。前段时间老人脑梗,摔了跟头,导致胳膊骨折,一日三餐还要老伴照料。她让儿媳妇把孩子接回去自己照顾,儿媳妇不同意,老太太生气了,说我现在都要别人照顾,还怎么照顾小孩子呢?没办法,儿媳妇把孩子接回去了。过了一段时间,老人痊愈了,儿媳妇迫不及待地把孩子又给送了回来。老人当时真是无语了,没办法,还得继续带孩子。

我问她:儿媳妇这样对孩子不管不问,她儿子没有意见吗?老人说儿子意见大着呢,几次因为这事要和媳妇离婚,可是老人怎么能让儿子离婚呢?万一离婚过得不好,这个责任谁负得起呢?所以老人只好忍着,挨着累,带着孩子。其实我理解老人,她不是嫌累,也不是嫌弃小孩,但是让一对七十岁的老人带孩子的确有些困难了,感冒发烧,一日三餐,尤其是期中期末密集的复习,每天都要领着孩子做习题,削铅笔,检查书包,戴红领巾,甚至还有午餐和水,一样落下都不行。偶尔让老人搭把手可以,如果真的就把一个孩子的一切都放到老人身上,的确有点强人所难了。身体的累在其次,照顾一个低年级的小学生,是非常累心的。

我现在就在照顾一个小学生,非常琐碎和累心。他期末考试后,晚上我给自己买了一束花,我觉得这一学期的学习终于结束了,孩子放松了,我更需要放松。三十几岁的我如此,何况一个七十岁的老人呢?

老人对我说很想有一个我这样的儿媳妇,这样她可以轻松地安享晚年,自己和老伴有退休金,不需要儿子媳妇给的那些钱。就想着能像别的老人一样也出去走走,不用惦记给孩子回来做晚饭。早晨可以去公园锻炼身体,不用七点钟就匆匆忙忙地去送孩子上学。我忽然觉得老人很可怜。看似她享受着含饴弄孙的快乐,但是这份含饴弄孙的"快乐"是强加给老人的,其中的辛苦和劳累只有她自己清楚。谁都有个头疼脑热,尤其老人，就是身体好好的，都会没来由的胳膊腿疼，谁累了都想歪一会儿躺一会儿，可是老人的这点权利也被剥夺了。因为是自己的孙子，不能说不管，这样让外人看来好像老人非常自私，连自己的亲孙子都不愿意带。还有非常重要的一点，现在的小学课本有了很多扩展的内容，老人辅导起功课来，的确有困难。而且随着孩子一天天长大，发生的事情越来越多，老人的精力的确不够用。等到孩子青春期，逆反，而父母没有和孩子交流的经验，发生问题后很难找到一个好的解决方法。总不能孩子遇到问题，就去找年迈的爷爷奶奶吧？所以父母看似现在清闲，烦心、闹心的时候在后面呢！

几年前我认识一个年轻妈妈没出满月就给孩子断奶了，为了完全让婆婆自己带小孩，自己好能够整晚睡觉。听到她的故事，我惊讶得不得了，如果怕孩子耽误自己睡觉，怕孩子占用自己时间和精力，那为什么要生呢？为了爱情而生的小孩？还是单纯为了传宗接代而生的小孩？是为了自己生的小孩？还是为了别人生的小孩？

在我知道自己怀孕的那一刻起，我就告诉自己能生就能养，我生的小孩，从不奢望任何人在经济上和精力上给予帮助，除了孩子他爸。做了三年多的全职妈妈，选幼儿园、特长班、择校、送孩子上学、检查作业、开家长会、和老师沟通孩子情况，每一个环节，都是我们自己完成。我不觉得辛苦，相反乐在其中，收获颇丰。

现在一般的家庭只有一个小孩，一个小孩的成长过程也只有一次，我非常愿意也非常珍惜和他在一起的点点滴滴、分分秒秒。

希望，在孩子长大以后，我回忆起这段时光，都是甜蜜而无悔的。

第三节　孩子喜欢什么样的妈妈

一位妈妈说她的儿子读小学一年级，一天放学回家他忽然说不要妈妈再去接他，妈妈问为什么，他说同学笑话他妈妈胖的像猪！妈妈很气愤,第二天去学校找孩子老师,想问问她是怎么教育学生的!老师听了这事也很生气,说一定批评那几个学生!妈妈想事情应该就此结束了吧,没想到那天放学回来儿子哭着喊着说什么也不让妈妈再去学校了,还说如果妈妈再去接他,他就不上学!真想不到因为妈妈胖,还被孩子剥夺了去学校的权利!不是说"儿不嫌母丑"吗?怎么一年级的孩子就开始嫌弃妈妈不好看了呢?

这是报纸上一个真实的事情,小孩子因为同学们嘲笑自己妈妈长得胖,所以拒绝让妈妈去学校接他放学。看来小孩已经有了自己美丑的标准,他们喜欢好看的妈妈。因为如果同学们都说自己妈妈好看他会觉得很骄傲,小小的虚荣心会得到大大的满足。很少有妈妈是以美丽为事业的明星,大多是普通人,但是每一个妈妈都应该在自己可以的范围内注意自己的形象,不为给孩子加分,但是也不要给孩子减分。

孩子可能喜欢漂亮的妈妈、明星型妈妈;可能喜欢尊重自己的妈妈、理智型妈妈,也可能喜欢能做各种美味的厨师型妈妈;还可能喜欢什么都懂的智慧型妈妈呢!

有一次"十一"长假,我问铁锤想去哪里玩,他说哪也不去,七天都在姥姥家。我说我们可以去一次海边,他说那就看不到姥姥了。我说可以和姥姥一起去海边,他说那就看不到姥姥家的小鱼了。总之,我提出的所有出游计划,都被拒绝了,他的"十一"就是要完完整整的在姥姥家度过。接下来他每天都在做减法,计算的题目是还有几天到"十一",然后去姥姥家疯玩。从小到大,在铁锤的心里,姥姥是唯一一个可以和妈妈并列排第一的人。我静下来想,我妈妈到底有多大的魅力,让铁锤这么喜欢呢?这一想不要紧,我妈妈的优点简直像倒了的积木桶,稀里哗啦地跑出来。

我的妈妈非常尊重孩子,她把孩子真的当成了朋友,这朋友还不是普通朋友,而是重要的伙伴。

有时候铁锤经常会提出一些"无理"要求，弄得我们很烦。例如他说：姥姥，我们"捉瞎"呀！就是让一个人把眼睛蒙住，其余的人在旁边跑，捉到了谁，谁就得代替这个人蒙住眼睛捉其他人。铁锤特别喜欢玩这个游戏，玩的时候为了制造假象，他会把拖鞋朝另一个方向扔过去，对姥姥进行误导。有时候他还特别坏，趴在地上一动不动，让姥姥转来转去找不到。有时候玩得我们都烦，都是小学生了，怎么还玩这么幼稚的游戏呢？我妈会说：孩子嘛！很快就长大，上了高年级，学习压力大，到时候想让他们玩都没心情了！所以在铁锤心里，姥姥变得更加重要，因为姥姥有求必应。所以如果铁锤和我们有了问题，姥姥是最能够做通他工作的人。我妈妈对孩子的爱表面上看似是单纯的溺爱，其实更多的是尊重，这份尊重也换来了铁锤的尊重，而不是单纯对长辈的惧怕。

我妈特别宠爱孩子，孩子想做的事她会一刻不停马上去做。

我妈把做饭当做非常重要的事，她觉得家里每个人回到家洗过手就能吃饭，然后围在一起说说笑笑，就会特别开心。铁锤在家，我妈都会问：中午想吃什么？晚上想吃什么？铁锤说想吃饼，我妈马上就去厨房和面。如果铁锤说要吃饺子，我妈就开始做肉馅。小孩子不知道你给他讲的那些深远大道理，只要你给他吃得好，尽量满足他的要求，他便会觉得你是最最好的人。

整个暑假，铁锤都在我妈家，后来我去看，他作业写得整齐，人也更结实了。他和我妈好像达成了某种共识，就是他的要求我妈尽量满足，但是我妈对他的要求他也必须完成，比如认真学习之类的。

我妈爱好广泛，心灵手巧，常常给孩子意外的惊喜。

去年冬天，我妈用布给铁锤缝了两只小熊，一个是女孩一个是男孩，还都穿着不同款式的衣服。他分别给这两只小熊取名叫"熊女女"和"熊仔仔"。每天晚上他都会把"熊仔仔"放在枕头旁边一起睡觉。我妈还给他们做冰糖葫芦，比外面的干净卫生，更甜更脆。每年冬天她都在家里养一盆小番茄，铁锤去了，每天可以摘一个吃。有时候在外面玩，我妈总能用路边的花呀草呀的给孩子编一些小玩意，经常引得铁锤和一群孩子崇拜地围着，期待更多新花样！每年我妈都会选铁锤喜欢的图案的布，给他做一套睡衣。这些穿小了的睡衣都在我妈家的柜子里，通过这些睡衣可以看出来铁锤这几年的审美有了很大变化，从原来的小红樱桃到绿色花瓣，到蓝天白云。我妈还特会编故事，每晚睡觉前，都给铁锤讲五个故事，有时候没有讲到第五个，两个人都睡着了。第二天早上，铁锤说姥姥没讲到五个，姥姥说记得讲到了呀，谁让你睡着了……特有意思！

在孩子心里，姥姥不仅会做好吃的，姥姥更会玩，这个"玩"让他对姥姥有了格外的期待，因为他不知道明天姥姥能给他弄出来什么新花样。

每次铁锤生病，都是我妈妈护理，因为她是儿科护士，比我们更懂些，也更细心。有时候我们对孩子没有好脾气，可我妈从来没有不耐烦的时候。在她眼里，孩子就是完美的天使，谁家的孩子都漂亮可爱聪明。在我妈妈家里，只要在安全范围内，没有孩子不能做的事。有时候铁锤玩藏猫猫，会把柜子里的被子都放到地板上，然后他钻进柜子里。我妈妈还装作很费力地寻找，他就在柜子里小声地得意地哼着歌。我想这两个人是在玩他们的游戏，在这种看似幼稚的游戏里面，有着尊重、爱护，更多的是默契。

想到了我妈的诸多优点，我忽然觉得自己很不称职。

孩子原来喜欢愿意放下手里工作随时陪他们的家长，喜欢真正在内心里尊重他们的家长，喜欢多才多艺有魅力的家长。

整理我妈妈优点的时候恰巧铁锤的同学家长给我打电话，问我怎么管孩子的。我想起我妈对孩子的方式和态度，我告诉她我做得还不够，我得向我妈学习。对方说你别学习了，我就要向你学习，我能做到你那样就够好了！

我觉得我没我妈妈有耐心，也没有我妈妈淡定，肯付出，或许等我当了奶奶的时候，就能修炼到我妈那个层次了？

每一个小孩的心里都有一个好妈妈的标准，多多观察自己的小孩，并且经常沟通，就知道什么类型的妈妈才是孩子喜欢的。然后适当调整自己的状态，努力做一个让孩子满意的好妈妈！

第四节　孩子和父母之间也要礼尚往来

一次我和铁锤参加电视台的一个活动，巧的是遇到了我妈妈原来的一个老同事。

这位阿姨也算是看着我长大的了，好久不见，我们在一起聊得最多的是我的童年和现在的铁锤。她语重心长地对我说："千万别把孩子放你妈那儿，你妈太娇惯孩子！你妹妹都五岁了，你妈还抱着她！"原来这位阿姨和我妈妈都在一家医院的儿科工作，她说我妈妈对所有的患儿都特别好，哪一个都非常喜欢。有时候来的农村患儿因为条件有限，来就诊的时候脖子上一圈黑泥，我妈妈会打上一盆热水帮人家洗干净。这些事情我也有印象。小时候妈妈带着我值夜班，夜里患儿的家长气急败坏地来敲门，说他的孩子有问题了。我妈妈去病房一看，孩子就是睡觉打呼噜，给他的枕头调换一下位置就好了。

我和妹妹只觉得妈妈对所有的孩子都好，小孩也喜欢我妈妈。小时候常常会有几个邻居家的小孩子在我家玩，听我妈讲故事，晚上自然而然地留下来吃饭。我妈妈的这种爱也延续到了铁锤他们这一代。即便是现在只要铁锤和小鹜（铁锤表姐）说我要吃糖饼，我妈马上就去厨房发面。夜里12点钟他们两个不睡觉要玩"捉瞎"游戏，我妈妈就用纱巾蒙住眼睛在客厅里"捉"他们，同时还不忘提醒他们要小声，因为楼下的人在睡觉。

我在电话里和我妈转述她的老同事的话,她笑着说:"我是很娇惯你们两个,可是你们比别人家的孩子更懂事,更孝顺呀!"在电话里妈妈细数我和妹妹从来不和父母顶嘴,努力学习,认真工作,不给父母添麻烦,小时候就是有一块糖都要等父母回来一起吃。细细品来,妈妈说的也对,我们是在娇惯中长大的,但是我们并没有在这种溺爱的环境下生长成专横跋扈、奇形怪状,相反心理很阳光健康。因为能够感受到父母对我们的娇惯宠爱,我们变得自信,这份娇惯指引了我们一个正确的成长方向。因为没有后顾之忧,所以才敢勇往直前。我们同龄的有些小孩没有过这种被宠爱的生活,早早地辍学、恋爱、结婚、生子,然后心安理得地啃老。这些小孩从小没有感受到爱的给养,所以也不知道以爱回报父母。

其实,在父母和儿女之间的确存在着类似"礼尚往来"这种情况,你敬我一尺,我还你一丈。

对孩子娇惯在出去玩的时候表现得格外明显。我们的标准是只要带孩子出来玩,就是为了让孩子高兴,所以,家长要适当作出牺牲来满足孩子。可是有的家长却不,不许孩子这样也不许孩子那样,结果孩子缩手缩脚地很不尽兴。造成孩子在家的时候孩子也是不听他的话,让写作业就在那里做样子磨蹭。家长抱怨这孩子不听话,因此而头疼。

试想想,孩子为什么要听你的话?他提出过的建议你满足过吗?他的想法你尊重过吗?既然你不尊重他的想法,他自然也不会尊重你的想法!

你不让他痛快,他便会让你更加不痛快。
你让他如鲠在喉,他会回敬你心如刀割。

很多妈妈都说我和铁锤的关系像真正的朋友。在外面玩的时候他想玩多久、想玩什么我都会听他的，因为既然出来就要开心，如果出来了，还玩得不开心，那就不如在家歇着。铁锤知道我对他好，尊重他的想法，所以在其他问题上他也会试着接纳我。好似我敬他一尺，他还我一丈。同时，父母和孩子都会很开心、轻松、心平气和。

常看到这样的情景，孩子看中一个玩具，用试探的目光询问他的妈妈：这个可以吗？他妈妈冷冷地说一句：不行，那玩意儿没用！

此刻，谁想过孩子的感受？孩子身边的东西有多少是真正有用的？谁又能说哪件东西是完全没用的？这件玩具能够表达你对孩子的爱，它就是有用的，因为它的价值超出了玩具本身。因为孩子常被拒绝，所以他也把"拒绝"当做武器来攻击曾经拒绝过他的人。你无视他的要求，他也会无视你的想法。当你觉得他总是不听话的时候，请检讨一下你自己，是不是也常常忽略了孩子的想法？

有的妈妈说铁锤是个懂事的孩子，不会提出那些无理的要求。其实如果你仔细看，每个孩子都很懂事，只是家长对他们不放心，觉得他们没有决定的能力。

在孩子提出要求的时候家长觉得他们是孩子，没有成熟到能够选择的程度。可是在其他方面，例如学习，家长又要求孩子懂事的像个成人。

他们虽然年纪小，是个小孩，但不是个傻子；他们虽然单纯，但心里比谁都明白。

当你尊重孩子时，孩子会回敬给你更多的尊重。

当你站在空荡的山谷中大喊后，山谷中便会传来你的回声。你喊什么内容，山谷回给你什么内容。好像朝着一个墙壁扔球，你用什么力度扔给它，墙壁就会以什么力度将球回给你。

说得通俗点，在家长和孩子之间也是需要礼尚往来的。

为人父母，看着孩子一天天健康成长是一件非常幸福和快乐的事。但是，这条路上不仅仅只有幸福和快乐，还有一些时候会有些小惊悚、小恐慌，让你措手不及、后悔不迭。

在青岛的海滩走失十分钟

铁锤一年级的暑假我们一家人去青岛的第一海水浴场玩，铁锤和小鸶面对已经一年未见的大海很是兴奋，这种兴奋也感染了我们，我们都开心的投入到了大海的宽广怀抱。铁锤他爸会游泳，所以他在比较深的水域活动，我和铁锤带着游泳圈在很浅的地方玩。因为阳光特别好，所以玩了一会儿后，我就把铁锤拉上岸涂抹防晒霜，小鸶也随同上岸来。等我细致地将面部和胳膊涂完后，转过身一看，铁锤不见了。我问姥姥、姥爷，都说刚才还看到了。我马上站起身，希望看得远一些以便能看到铁锤，可是没有，到处都是小孩，但是没有铁锤。我望向海里，他爸还是一个人在深水区游泳，他的身边也没有铁锤的影子。糟糕的是我旁边他那个绿色橡胶游泳圈还在，这就说明铁锤还在岸上。突然我有了一个不好的预感，因为那几天台风"电母"经过，海上的浪比较大，我想会不会被巨浪卷走了？虽然海水里的大人很多，但是谁的眼睛不是只盯着自己的小孩呢？

瞬间我脑袋里一片空白，马上跑到海水里把老公叫了出来，告诉他铁锤丢了。老公一脸惊愕，大声说："怎么丢了呢？"然后我、我老公、我妹妹还有我妈妈都四散开来，寻找铁锤。我跑到浴场人群的后面，希望能够看得更远，或者能够看到那个穿着蓝黄相间短裤的小孩。到处都是人，耳边是讨厌、烦心的嘈杂声，脚下是滚烫的沙子，头顶是热辣辣的太阳，我的身体里却是一颗冰凉、惶恐、无助的心。

过了一会儿忽然听到妈妈喊我的名字,我跑过去一看,铁锤双眼微红地站在那里,手里还拎着一只红色塑料桶。我朝铁锤走过去,我妈在一边提醒我:孩子找到就好,不许打孩子。我把铁锤搂过来,安慰了几句。原来他想和姐姐做沙堡,他便去海里提水,等提完水后却走错方向,找不到我们了。于是他一边张望着向前走,一边大声呼唤着"妈妈"。走出一段距离后,他没有找到我们,于是他又改变了方向,原路返了回来,这时和我妹妹相遇了。他说在看到小姨的那一刻他心里想:救星到了!

　　我问他如果没有遇到小姨他会怎么办?他说要找一个阿姨要手机拨打我的电话,如果没有找到,就去浴场的广播站找我。我看铁锤的条理还是蛮清晰的,可能和我平时的灌输有关。在铁锤离开大人的十分钟里面,他先是寻找,然后还想到在寻找未果后的情况下采取第二、第三种方案。最让我满意的是在脱离群体的短暂时间里,他有过害怕、惶恐,但他没有哇哇大哭,也没有一片空白,更没有一条路走到黑地胡乱寻找。而是在走出一段路没有找到后,他开始思考自己的定位可能有问题,于是又朝着相反方向寻找,这次的方向是对的,恰巧和我们的寻找人员相遇。

　　孩子回来后大家都轻松了,他爸给铁锤取了一个外国名字——"消失一郎"。

　　在这次意外中,铁锤的表现可以打 90 分。我妈说这都怪我,在人这么多的地方应该不错眼珠地盯着自己的小孩,后来的几天,都是我妈妈带两个孩子,她说对我们不放心。

　　在这件事情上我有错误,在选择休息地点的时候应该找一个有明显参照物的地方,而不是随便找个地方又不提示铁锤我们的方位。出发的时候我想到了很多种状况,但这次的确不在意料之中。后来我们再去海水浴场,都是选择一个很明显的地方休息,并且提醒孩子们我们具体的方位,例如在更衣室的左边,卖冷饮的旁边。同时我们也给铁锤带了泳帽,这样就会在孩子群中比较容易发现我们的孩子。

　　成长的过程中,意外是不可避免的,我们做不到无时无刻不错眼珠地盯着孩子,所以我们要在平日里告诉孩子自救的方法。

把同学给打了

铁锤三年级的一天,下班路上,我接到了一个同学妈妈的电话。这个女孩的妈妈以往也给我打过电话,因为询问孩子作业的事。所以接通电话第一句话我就说我还没有到家,等回家后让铁锤给你打电话。没料到对方说不是因为作业的事,而是我家铁锤把她女儿给打了!我一惊,反问了句:什么?谁把谁给打了?她又重复了一遍说铁锤把她家小孩给打了!我急忙在电话里表示歉意,然后和对方表示在回家和铁锤核实完情况后晚上打电话给她。

说心里话,接到对方电话的时候我的脑袋都大了,我知道铁锤在外面从不被人欺负,但是他也绝对不会欺负人。怎么今天还打同学了呢?

我只觉得孩子大了,真的是什么心都得操到,连我家铁锤都有同学家长告状了!

回到家,看见铁锤在写作业,等了一会儿我才走到铁锤身边问他今天学校里发生什么事情了吗?他说没有。我启发他是不是和同学打架了?他低头不语,过了一会儿他问:是老师和你说什么了吗?我摇头,告诉他我想听他说,别人说的都没有他说得准确。他告诉我下课的时候几个女同学和他追着玩,他也和她们闹着玩,结果就打了那个女孩一拳。后来老师知道了,他说老师问过他具体的细节,然后对他说:老师相信你不是故意的。并且老师还叮嘱那个小女孩要留意,看看有没有身体不舒服的情况。我问铁锤老师有没有让他把这件事情告诉家长,铁锤说没有。我告诉铁锤快点写作业,晚上我和他一起去看看那个小女孩。

在做晚饭的间歇,我做了蛋挞。吃过晚饭,我找到一个漂亮的小盒子,我在盒子内壁覆盖了两层锡纸,正正好好能放进七个蛋挞,然后我把蛋挞盒子放置在了一个保温口袋里,和铁锤出门了。

因为那晚我老公值班,所以这件事情只能由有我和铁锤两个人来面对。那晚有双子座流星雨,我对铁锤说今晚就当出来看流星好了。

在超市买了些小孩的食品后,我拨通了那个小孩妈妈的电话。接到我的电话,对方急忙解释孩子很好,没问题。说自己下班回来听孩子说被打了,心里忽然焦躁起来,才给我打了电话,现在已经没事了。我在电话里让铁锤给同学道歉,并且告诉他我刚烤好了一盒蛋挞送给她吃,她妈妈很不好意思地说孩子没事,让我们快回家吧。后来我一直坚持,她从小区出来了,说不要那些食物了,蛋挞趁热拿回去吃了,又送给铁锤一袋南方的水果。我们都知道是小孩闹着玩,以后还是好朋友。

在回家的路上,铁锤说,你真是一个伟大的妈妈!我问他为什么?他说因为我在这件事情上没有批评过他一句,同时还能诚心地来看望对方,他说有的孩子妈妈在自己家孩子打人后和对方说声"对不起"就算了。

我告诉铁锤我之所以没有批评他,是因为这不是他的错,我知道他不是故意的。但是不论是什么原因引发了这件事,事情最后的结果是铁锤把对方打了,所以妈妈就要拿出态度来,去关心一下对方。试想一下,哪个妈妈工作一天了,回到家听说自己的孩子在学校被人打了心里会不着急上火呢?

这么晚我还要领铁锤出来看对方,因为这件事情是铁锤做的,他要知道父母不可能永远替他解决问题,他做的事,他自己要学会面对,也要承担后果。只有他经历过、面对过,才知道问题的严重性,以后在同类问题上才会留意,避免发生。

铁锤忽然说:妈妈,有句话说"慈母多败儿",你这么好的妈妈,我会不会是"败儿"呀?我笑了,这孩子一知半解的,还挺有趣!

冬天晚上的哈尔滨特别冷,但是一想到人家小姑娘的妈妈下班回家听说孩子在学校挨打的那个心情,我觉得我真没有资格嫌这夜晚寒冷。

第二天早上,五点多我醒来,只觉得嗓子很干很疼。我知道,上火了。

真是什么事都能遇到,我家铁锤也有家长告状了。

惊魂记

那年铁锤四岁。

一个周末午后,我忽然觉得耳朵里有点疼,好像中耳炎犯了。于是,我在耳朵里滴了一点药,侧身躺着。不知过了多久,恍惚中感觉铁锤好像下了床,拉开了床边的抽屉。听见他问我可以吃维生素 D 丸吗?我告诉他今天我们已经晒过太阳了,所以不用吃了。

后来,我起床,吃晚饭,给铁锤洗澡,然后我们上床休息。每个周末的晚上,我都要给铁锤剪指甲。当我拉开抽屉拿指甲刀时惊呆了——那一盒维生素 D 丸没了!我不记得有多少粒在里面,因为到了春天后好久我都没有给他吃了。我回过身,拿着空空的药盒问铁锤到底吃了几粒?他同时伸出左手的拇指与小指,轻描淡写地回答:六粒!

我每次都是给他吃一粒,我想找到说明书看看,可是真该死,说明书这时候不知道跑到哪里去了!

我恶狠狠地对铁锤说,要把他送到医院,给他洗胃!铁锤看到我和他爸爸焦急的表情,意识到问题可能有点严重。他小心谨慎地问我:"妈妈,洗胃是什么样的呀?"他爸吓唬他说:"就是拿一根大管子插到你的胃里!"后来他靠在我身上说:"妈妈去洗胃吧,我能坚持住!"

已经是晚上九点多了,我让他先睡觉。后来,我给一位儿科医生打了电话,他告诉我,不用担心,这个量完全没有问题。而且这种是脂溶性维生素,吃多了,会保存在脂肪里,等身体有需要时再释放出来。

第二天早晨,我把医生的话转告了铁锤让他放心,过了一会看到他趴在床上不知道在做什么。走近一看,他不知从哪里找到了维生素 D 丸的说明书,正在那里仔细研究长期超剂量服用的危害呢!我让他快点下床,不然上幼儿园迟到了。他伸出脚来说:"妈妈,我好像中毒了!"我问他怎么知道?他读着说明书上写的——长期超剂量服用,会引起血压升高、肝脏硬化、皮肤瘙痒……我不明白这些和他的脚有什么关系。他指着自己的胖脚丫说："我中毒了，是这——皮肤瘙痒！"我看了看，那脚上红红的小包，分明是被蚊子叮咬过的！

我忽然觉得很好笑，都能自己读产品说明书的小孩，应该也算是脱盲了吧。怎么还能做出吃多了药的事情呢？事后倒是很聪明，连医生的话也不相信，一定要自己验证自己有没有"中毒"！

他对自己的行为这样解释，因为平时都是他自己在吃维生素 D 丸，每天一粒。他认为一粒没问题，六粒，自然也没问题！看着他那付对自己认真的样子，嘟嘟着小嘴，仔细研究着自己的脚丫子，他不过就是一个四岁的小孩！他再聪明，再懂事，也还是个孩子！既然是小孩，就一定会有异于成年人的举动。成年人偶尔还有情感失控的时候，所以一直聪明乖巧的孩子也会时不时地大脑短路！

我很庆幸，维生素 D 丸的盒子里已经没有几粒了。我更庆幸，那只是一盒普通的维生素 D 丸，而不是什么药性很强的药物！否则，真的会有不堪设想的后果。

有时候想想，养育孩子，就像是一场赌注，一场战争，每一个细节都要格外注意，不能掉以轻心，否则，你就会满盘皆输！

世界上有没有那样的小孩？不用父母怎么管，健健康康地长大，读书又非常聪明。这样的小孩肯定有，可惜太少了，我们遇不到。

我们不能奢望，只能安下心来，战战兢兢地、磕磕绊绊地、小心谨慎地养好我们的小孩。

第六节 一个懂科学的妈妈

没做妈妈的时候，觉得养一个孩子不过是吃好喝好，别磕了碰了，健康长大就行，可是真的做了妈妈以后忽然发现从事"妈妈"这个职业真的不是件容易的事。需要你是一个细心的护士，利落的保姆，智慧的老师，

　　一次有朋友问我,怎么和孩子一起做科学游戏呢?她告诉我自己很想和孩子玩科学游戏,可是发现很多科学游戏里面用到的材料太专业,她都不知道到哪里去买。有的时候找得到,但是在游戏过程中,总有这样那样的意外,有一次她和儿子做一个关于"水的张力"的游戏,就是让一根缝衣针神奇地漂浮在水面上。孩子听她说缝衣针不会沉没,非常兴奋,瞪大了眼睛去看。可是她给孩子演示了好几次,都不成功,针总是莫名其妙的沉入水底。失败的次数多了,弄得孩子很烦,说她不懂科学就别做什么科学游戏!她也失望,明明是严格按照书上的步骤,怎么就不成功呢?她说自己是文科生,在家里领孩子玩科学游戏对她来讲的确是太难了。同时她又很生气,说这小小的孩子竟然还会瞧不起妈妈了。看着她的样子,是真的和孩子生气了,我劝她小孩子的耐心有限,其实我们大人也一样,失败几次就泄气了。其实,科学游戏真的没有那么难。

　　为了在孩子面前树立我的"科学家妈妈"形象,我在和孩子做科学游戏之前,一般我都会自己先做一次,排除一切不确定因素,确保这个科学游戏圆满成功。因为有时候理论上可以发生的物理现象,但是在现实生活中却很难做到。因为小孩的耐心有限,开始的时候尽量让他们去玩那些一次成功的游戏,让那些神奇的科学现象吸引他们的注意力,然后把深奥的科学知识用通俗易懂的语言告诉他们,这时候他们就会觉得科学游戏很有趣,科学很简单,会科学的妈妈真棒!

　　我和铁锤做的科学游戏大多选择的是那些在家里能够找得到的材料,这样不仅节省了支出,而且因为材料熟悉,孩子会对游戏有一种亲近的感觉。例如,我和铁锤把在市场上买到的新鲜紫甘蓝用榨汁机榨成汁,把白纸浸泡在紫甘蓝汁里面,晾干,然后裁成大小相同的小条,这样我们轻轻松松地就得到了专业化学实验中经常使用到的 PH 试纸。你要告诉孩子不要小看这些粗糙的纸条,它们可是神奇的"酸碱大侦探"呢!如果纸条遇到了醋,它们会瞬间变成粉红色,如果纸条遇到了肥皂水,就会变成了绿色！我们也可以再让孩子试试橙汁、小苏打水这些生活中经常遇到的液体，看看纸条会发生什么变化，和他们猜测的结果是不是一样。一旦纸条变成粉红色，表示被测试的这个溶液是酸性，如果纸条变成绿色，表示被测试的溶液是碱性的。游戏过后，妈妈给孩子揭秘这里面的科学道理，因为紫甘蓝里面有一种物质叫"花青素"，这种物质具有遇到酸性物质变红，遇到碱性物质变绿的能力，所以依靠它，我们就可以轻松知道液体的酸碱性了！

我在和孩子做游戏的时候，尽量把科学游戏神奇的一面展示给他。有一次我对铁锤说，你知道吗？有一种神奇的气球用图钉都扎不破呢！铁锤不信，他认为气球就是一个易破物品。看我坚持说我的气球神奇扎不破，他就讽刺地说妈妈那个是"厚脸皮"的气球吧！我才不理他那一套！我让他帮我吹一个气球，在气球上不同的位置分别贴上通明胶带，然后让图钉穿过胶带扎在气球上，气球不仅不爆炸，而且始终圆鼓鼓的，也没有漏气！在我做这些的时候，铁锤本来是一副质疑的不屑表情，后来被有力的事实给小小的打击了！然后他问我怎么做到的，自己又试着插进了几个图钉，果然气球依旧没有爆炸。后来他还把这个神奇的气球拿给同学看，结果这个气球后来全身被扎满了图钉，像极了一个穿了盔甲的战士！

我们要适当地把这些玩过的科学游戏利用到生活中，让他感觉科学实验就在身边，触手可及。我和铁锤一直有互相留言的习惯，有时候我在睡前会写一张"铁锤，我爱你"的字条，有时也会画一张小图放在他的枕边。这样他每天清晨醒来，都能看到妈妈的亲切字条。后来我们掌握了一种写密信的方法，用毛笔沾上牛奶在白纸上写字、晾干，这样白纸上什么都看不到，一旦把这张纸放在火上轻轻地烤，就会呈现出黄色的字迹，特别神奇也非常有趣！有一段时间我们两个给彼此的留言都不再用传统的笔，而是采用牛奶密信的方式，因为不知道对方给自己写的是什么内容，所以特别期待。在这个游戏里面，铁锤从害怕划火柴，到自己尝试划火柴，开始总是掌握不好力度，一根火柴划几次也不成功，最后还把火柴划断了。后来他特别灰心，我鼓励他，告诉他火柴应该和火柴盒上有磷的部位保持三十度角划下去，这样点燃的可能性比较大。几次之后他学会了自己划火柴点燃蜡烛，这对于他来说是一个不小的进步。这次划火柴的练习对于他的胆量是一个很好的锻炼，同时也磨炼了他做事情的耐心和毅力。我还鼓励铁锤尝试用其他的东西代替牛奶，例如酸奶、柠檬汁这些，也都有牛奶的效果。然后我让他总结其中的规律，当他告诉我正确答案的时候，我就鼓励他，夸奖他是一个爱思考的小小科学家！然后他不好意思地看着我，告诉我他能够懂科学，完全是因为有一个懂科学的妈妈呀！

其实，科学游戏没有那么难。只要你掌握了孩子的好奇心理和他们的情绪曲线，吊足他们的胃口，点到即止，其他的让孩子们自己去思考和探索。他们会发现科学游戏很有趣，也很简单，容易操作，同时还会觉得自己有一个博学值得骄傲的妈妈。

铁锤三年级的时候我们合作出版了两本亲子科学游戏书，涉及的内容都是我们平时在家里玩过的游戏。游戏都比较容易操作，其中涉及的材料都能在我们家中的厨房和客厅里面找到，游戏都非常安全，而且只要有耐心，每一个游戏都能够成功。我在这本书的每个游戏后面都用简单易懂的文字认真地解释了每个游戏里面的科学道理，而且铁锤是我的小模特呢！

带小孩的副产品

这一年铁锤长高了不少。出门的时候握着他的手竟也有了厚大的感觉。他的T恤和我的T恤平铺一起，只小了一个窄窄的边缘。我的小外套他也能够撑得起来，不过他的衣服我是穿不进的。睡觉的时候，他枕着我的胳膊，脚已经到了我的膝盖。即便这样，我依然能轻松地用双手将他抱起，托起他的肉屁股，大步往前走。

朋友不理解这么大的孩子怎么还抱着呢？太娇惯了。

因为我还抱得动，也因为他还愿意让我抱。

我知道总有一天他会长大，他会宁可自己待在房间里上网也不愿意陪妈妈看电视，宁可和朋友煲电话粥也不愿意陪妈妈上公园。所以我要抓紧时间，在他还贪恋我的怀抱时，永远为他敞开。

说件有意思的事。原来的我是非常没力气的那种女人。十年前和同事去打保龄球，只见球在球道上还没经历一半的路程，摇摇晃晃下道了。后来我挺排斥玩这东西，因为怎么也玩不好，周围人都盯着，我扔出去的球却软绵绵，像睡着了一样。铁锤四岁时的冬天，我们几个要好的朋友一起去打保龄球。虽然几年过去了，但我还是不喜欢打保龄球。朋友问我为什么不玩，我说因为玩不好，挺丢人的。大家都鼓励我试试。为了不影响大家的情绪，我只能试了。

结果大大出人意料。

我选中了一个最轻的球，顺手扔了出去，那个球稳稳的快速的旋转前进，全中！再来一次，依然全中！旁边一个姿势和着装都非常专业的男人看傻了！那一刻我自己也傻掉了。

真是不敢相信！

后来我总结经验，因为这几年里我常常抱着三十多斤的铁锤，臂力得到了锻炼。那次我玩得特别开心，因为成绩好，我们这个球道还获赠了饮料。

这些，应该都是带孩子的副产品，是我无论如何也没有想到的。

🌿 第七节　孩子，很无辜

你在生这个小孩之前，有没有征求过他的意见呢？

一个生命，不能选择自己是生于富贵还是贫穷；不能选择是丑陋还是美貌；甚至不能选择自己的父母，不能选择是否可以来到人世间。

所以，孩子，很无辜。

前一段时间在报上看到有一名男子在追讨自己的"生育权"。原因是因为妻子在未经自己允许的情况下私自做了人工流产手术,让自己失去了传宗接代的机会。愤怒的丈夫提出离婚,同时要求妻子做经济上的赔偿,因为自己失去了"生育权"。这则报道让很多男士愤愤然,是两个人爱情的结晶,两个人的血脉,为什么女人一个人就对生命的去留做主了? 真是不公平。其实,男士们完全没必要这么大动肝火,说到无辜,老公们一定不是最无辜的。最无辜的是那个小小的生命。或者他本无意来到这世界上,却莫名其妙地启程了。他刚刚接受了现实,一路兴致勃勃地朝这个世界奔跑着,突然又被莫名其妙地告知"请回吧"! 大家想想,那个孩子,该是怎样的一种感觉!

不仅那些没机会做父亲的老公觉得无辜、委屈,好多成了妈妈的妻子更是常常觉得无辜。

当年和自己一样的女同学,今天海外归来了。读完了硕士、又读了博士,手里拿的是最新款的手机,用的是超薄的笔记本,衣着考究,住精致典雅的单身别墅。举手投足之间,都让你自叹不如、自惭形秽。曾经是一样的呀,为什么现在竟然有这么大的差距呢? 如果不是生孩子浪费了几年时间,或许也可以深造;如果不生小孩,也不必为了哺乳而吃那么多有营养的食物,也不会有二尺三的腰围! 如果不生小孩,不会每天把每一个琐碎细节放在心上,皮肤这么松弛灰暗! 一切的不如意,你都找到了理由,都是因为眼前的这个小孩!

这个小孩占用了你太多的时间、精力、金钱。可是你想过吗,你再生这个小孩之前,有没有征求过他的意见呢? 他同意了吗? 没得到孩子的允许,生生地把他带到这个世界上来,然后再将所有的不如意一股脑都推到这个孩子身上,公平吗?

我想说,做了妈妈,不表示女人的事业就戛然而止了。或许,可以迎来第二个事业的高峰也未可知。我认识一位妈妈,起初找了几位知名的教师给自己的女儿补课,后来自己开了一所补习学校,因为学校请的都是有名气的教师,有好多家长带着孩子慕名而来,学校非常的红火。作为妈妈的女人都知道,很多女人的乳房先天发育不良,但经过哺乳后,大

量的分泌雌性激素,这样可以让乳房得到第二次发育,变得丰满美丽。妈妈的事业,也可以和哺乳后的乳房一样。如果你保养得当,不仅不会因为哺乳松弛下垂,相反可以有意想不到的收获。

朋友的儿子处于青春期,从一个乖孩子变成了逆反的少年。交谈中,朋友的言语间都流露出后悔之意。她说现在的孩子大了,他们长大以后未必能够养得活自己,有几个会去赡养自己的父母?等我们老了,有孩子的老人和没有孩子的老人都是要去养老院的。他们之间的区别就是,没养过孩子的老人还有存款,而那些有孩子的老人的钱已经为孩子花得所剩无几了! 说这些话的时候,朋友的泪水顺着眼角流下来。

同为女人,完全能够理解生活中的那些委屈。柴米油盐的繁杂,生活和理想的巨大落差,这些时候,难免把怨气发到这个小孩身上。因为,没有他,生活可能完全是另外一番景象。

如果没有这个小孩,你可能做了老妖女、做了 CEO、做了白骨精。你可以成为很多光鲜靓丽的角色,但是,你永远都不可能做妈妈。

孩子,是一场欢爱的结果。

算起来,他是最无辜的。

离婚后,你依然是孩子的父母

前段时间一个朋友偶尔看到了我在报纸上写的专栏,打电话给我。聊着聊着,她忽然说了这么一句话:离婚后不管孩子的那些父母,都是要遭报应的!

我的朋友 40 岁做妈妈,40 之前她的精力大多放到帮助妈妈料理家务和帮助离婚的弟弟带小孩。孩子几个月大的时候,他的弟弟离婚了。孩子妈妈本身也没有想要孩子的意思,她弟弟觉得这是他们家的骨肉,就争取到了抚养权,然后把几个月的孩子交给孩子的爷爷奶奶,自己又开始了快乐的单身生活,并迅速再婚。几年后,孩子长大上小学,到了开学报名的那天,孩子的亲生父母一个都没到,是他的姑姑和姑父带他报的名。朋友说孩子从校门里走出来就哭了。几年里他的妈妈几乎不来看孩子,长这么大只给他买过两次水果,一分钱的抚养费也没给过。他妈妈很年轻、贪玩,那些时间和金钱都放到自己身上还嫌不够,哪里还有多余的分给孩子!

一年冬天他妈妈提出要带他去南方过年,爷爷奶奶不放心,毕竟她没有带小孩的经验。但深思熟虑后,还是决定让小孩和妈妈去,毕竟老两口年纪都大了,应该让孩子多和他父母接触。结果十天的假期结束,孩子回家后一直闷闷不乐,不爱学习,也不爱吃饭。爷爷奶奶问他发生了什么事情,他摇头不肯说。终于在一个夜晚,他翻来覆去睡不着,告诉爷爷他妈妈要结婚了。老人第二天打电话给他妈妈问她为什么要和孩子说这件事?他的妈妈很无辜地说,孩子在外地对她说想要和妈妈一起生活,为了让妈妈接纳他,他表示一定会照顾好妈妈的。他妈妈自己已经有了可心的男友,马上要再婚。于是告诉孩子你不要担心妈妈,妈妈生活得非常好,而且有了一个叔叔要照顾妈妈,你就安心地和爷爷奶奶生活吧!老人听完非常气愤,毕竟是一个小学生,你要考虑到他的承受能力。他妈妈很不解,孩子不就是担心我的生活吗?我让他放心,因为我过得非常好。

的确,爷爷奶奶的经济状况很好,姑姑也是不遗余力地照顾他,上小学、特长班,什么都是最好的。在他的父母眼里,他的生活环境比很多孩子已经好很多了。家里的大人都是高知,一个人拥有一间很大很漂亮的卧室,那些喜欢的零食都用一个个保鲜盒装好,放在桌子上。他的衣服干净漂亮,家人每天按时接送,不让他受一点委屈。朋友说虽然这个孩子在爷爷奶奶家每天看着很开心,却不止一次说过等到他父母和好了,他还是要和爸爸妈妈一起生活的。他爸爸再婚的时候,他觉得自己还有妈妈,现在妈妈又再婚,他便觉得自己是被彻底抛弃了。这个小孩几年前我见过一次,不是一般的漂亮、帅气。在我看到他那一双眼睛的时候心里忽然很难过,那双黑黑的大眼睛里面有自卑、倔强还有躲闪。作为一个母亲,那样的一种眼神让我非常心疼。

的确每个人都应该为自己考虑,但很明显这对父母过于自私,他们只看到了孩子在爷爷奶奶家优越的物质生活,谁也不曾关注过他的内心。一个还是小学生的孩子对独身的妈妈说想要和她生活在一起,并且为了讨好妈妈告诉她自己会听话会照顾好她的生活,他的妈妈竟然弱智到孩子真的是在担心自己生活得不好,想来照顾她。

离婚,是很多夫妻不得已而为之的事情,两个人因为种种原因实在不能将未来的人生之路相伴走完,所以离婚是万般无奈下的一种行为。如果没有小孩,两个人分完财产,各自卷着铺盖卷就可以开始各自的新生活了。但是有了小孩就不同,婚姻结束了,但是你们为人父母的义务并不因为婚姻的终止而终止,它依然继续存在着。

离婚的你将来可能再婚,也可能有其他的小孩,但是对于这个孩子你还有关心照顾的义务。所以,夫妻双方必须在想好孩子未来的前提下才能协议离婚,而不能把孩子一股脑地推给老人,然后自己轻松愉快地奔赴下一段感情。

老人没有罪,他们没有义务为你们解体的婚姻买单。孩子更没有罪,他被生出来,是需要父母来爱的,而不是被当做包袱一样被抛弃。

我朋友说得对,只顾追求自己快乐而不管孩子的父母是有罪的。

不论别人把你的孩子照顾得多么好,你都不要忘了你是他的父母,照顾好他是你的义务。不论你在新的情感和婚姻里多么幸福快乐,希望你在某一时刻能够想一想,你还有一个那么需要你爱的小孩。

🌸 第八节 给孩子一个公平的环境

不知道为什么,总有很多妈妈有让孩子提前一年上学的想法,她们的理论是早上一年学,即便我的孩子学习不好,但是我的孩子小呀,还有一年的复读机会呢！

每到三月的时候,总有一些幼儿园大班宝宝的妈妈通过电话或者网络留言和我探讨关于孩子要不要早上学的问题。其中有三十出头的小妈妈,也有40岁才有宝宝的大妈妈。她们都急急地和我说:小桥,我想让我的孩子早一年上学！我笑着问她们:为什么要比国家规定的入学年龄早一年上学呢？她们无一例外地说:早一点上学,机会多一些。我问她们什么机会多一些？难道是要早一年走入社会赚钱的机会多一些？还是什么呢？她们的回答几乎惊人的一致:早一点上学,有年龄优势。即便学习差点,还可以复读一年,这样也还和别人一样大！

这是什么逻辑！

我在电话里问过一个妈妈,如果自己小孩提前一年入学,你对他的适应能力和学习能力有信心吗？有咨询过孩子的幼儿园老师吗？因为幼儿园老师相对专业,见过同龄的孩子多,可以很直观地进行横向比较,所以她们的建议值得参考。这位妈妈说幼儿园老师告诉她如果她的孩子适龄入学会是第一名,相反,如果提前一年上学很可能是最后一名。我问她对于幼儿园老师的话是怎么想的？她说上学以后即便一样的成绩,因为我的孩子小,就表示我的孩子学得好。她的意思是因为我的孩子小别人一岁,倒数第一也不丢人！甚至还有点光彩的意思！这都是妈妈们自己的古怪心理,不客气地说,是妈妈的虚荣心在作怪！

类似的话这两年我听到的特别多,无一例外我都会反问:上学是为了什么？一个优秀的学生的标准又是什么？可能是优异成绩,可能是身体素质,可能是健康心理,也可能是合作能力。一个优秀学生的标准可能很多种,但绝不可能是用年纪小作为衡量的标准！除非,你年纪足够小,像张炘炀一样十岁就可以读一个二表的大学。请问,你的孩子做得到吗？恐怕你也没有足够的信心吧？

我小的时候,身边小孩都是七八岁上小学,因为我的父母工作很忙,没有人在家带我,所以我没过上六岁的生日就已经成了一名学生。报名

那一天,我被老师们盯着看,因为长得小,更因为年纪小,妈妈当时抱着我去报的名。而且还走了后门,因为校长觉得我太小,怕跟不上课程。当时我认识很多汉字,可以口算一百以内加减法。现场考试过后,校长终于同意我在班级旁听。因为太小,自理能力很糟糕,每天都是我妈妈上班顺路送我去学校,所以天天迟到,到了冬天,班主任老师还得帮我脱掉大衣,叠好放在卫生角的柜子上。到了下午,还没有放学,我妈下班就又把我接走了。所以,我现在无拘无束的个性是在那个时候养成的,因为从小就没有被"规矩"好。我的成绩一直很好,前几名,但很少第一名。不过妈妈也很高兴。在家长会上,有的家长被老师批评了,那位家长指着我问老师:那个小孩能跟得上吗?老师很骄傲地说:她学习可好了!说心里话,那时候我心里也有小小的虚荣,还很得意,回家马上绘声绘色地讲给我妈妈。不过这些开心都是片段,更多的是不开心。因为我年纪小,个子小,大家玩踢口袋、跳绳都不愿意带我,都怕影响自己组的成绩。有一个个子高的女同学甚至高出我一头,把我当小孩一样,每天还给我带糖吃!而且我的体育课成绩一直很糟糕,后来就很抵触上体育课。因为年纪小动手能力也差,自己管不住自己,有几次上课喝水还被老师没收了水瓶!在我看来,年纪小根本不是什么优势,如果我是适龄入学,我体育成绩不会比同龄孩子差,动手能力还应该比同龄孩子更强!可是因为我打了这个提前量,我的体育成绩长时间以来都很糟糕。

前几年我晋升高级工程师,我同学还说看你这么年轻就是高级工程师了,多有希望呀!我反问她:你只比我大两岁,不也是高级工程师了吗?有什么区别呢?她说同样是高级工程师,可是你小呀?我又问她:我是小,可是不和你一样都是高级工程师吗?

我觉得这世界上很多人的骄傲或者自卑,其实都没有任何道理,不过是自己在心里和自己过不去罢了。

铁锤小的时候,几乎所有人都说他应该早上学。他的幼儿园老师劝我,我的老师朋友也劝我。他们甚至说了狠话:很多家长都拔苗助长,小桥分明是按着苗不让它长!我知道他们把铁锤都当成了"神童",但我知道他不是,不过是他在别人都关注的某一方面有些天赋而已。不过是这点小天赋给了他自信,让他在学习其他知识的时候也有优势而已。我的观点是如果你真的是神童,妈妈不会掩盖你的光彩,更不会阻碍你发展。但你不是,你就要走和别的小孩同样的成长道路。所以我让铁锤适龄入学,一切水到渠成,他的学习我几乎没操过一点心,同时让我高兴的是他的体育、美术成绩也能得到 A + 。他的泥塑作品每次都要放到讲台前展览,计算机课的打字速度始终是班级第一名,还代表过班级参加过运动会。我很开心,我没有让他早早上学,让他在各个方面都有机会和同龄孩子竞技,也有机会和同龄的小孩一起游戏交流。

可能是某种心理作怪!我发现自己早上学的妈妈都不愿意让孩子早上学,而自己晚上学的妈妈都想让孩子早一年入学!

我觉得对于一个学生来说成绩是一方面,健康的心理也同样重要,甚至更重要。像开始说的那位妈妈,一个适龄上学可以第一名的小孩,为什么要早一年入学去做最后一名呢?作为家长你可以安慰自己因为孩子小,可是你想过吗?每天坐在教室里你的孩子,他的心里有多难过?这种压抑的情绪对他的心理发育会有怎样的不良影响,你知道吗?

大家都想要公平,都希望孩子有一个公平的竞争环境,可是你有没有想过,让孩子提前入学,就是对他的一种不公平。

孩子是我们自己的,关上门,怎么看都好,聪明、可爱,比我们当年强很多。可是把他和同龄的孩子放在一块看,就又是另一番情形了!更何况,你还要把他放到比他年龄大的群体里呢?

孩子之间相差一岁,各方面的发育会相差很多,即便你的宝宝认知能力够好,你还要考虑到身体等各方面的状况。有的小孩上学以后回家连老师的话都学不明白,每天要家长给其他同学打电话询问作业,这样的孩子给家长和老师都会增加很多负担。

哪一位父母都有虚荣心,谁都希望自己的孩子能够抢先一步,但是我们也要有一颗平常心,要知道我们家的宝贝在我们父母眼里是独一无二的,但未必就是千载难遇的"神童"!

给孩子一个正常的、公平的环境,让他可以健康快乐地长大吧!

第九节 孩子,我不期望你长成大树

如果孩子是一棵小草,我希望他是一颗健壮的、自由的、翠绿的草,有自己独特的生长方向和与众不同的轮廓叶脉。我绝不会一厢情愿的期望他变成一棵让我们仰望的参天大树,因为我清楚树有它的挺拔姿态也有这份挺拔带来的压力。小草有自己的平凡,也有这份平凡带来的柔美和自在。

我常常遇到这样的家长,对孩子倾其所有精力和物力,只是希望孩子有个好前程,有朝一日成为"人上人"。他们最常说的话就是——我这辈子这样了,一事无成,我不希望我的孩子走我的老路。

他们往往愿意舍出一切,只要孩子学习拔尖,这样将来就能考上一所好大学,有一份人人羡慕的好工作,有美满婚姻家庭的可能性也增加许多。他们在说这些话的时候,满眼充满憧憬,一脸任重而道远的决绝表情,看得出来,他们把自己所有的希冀都放在了小孩子一个人身上。

孩子几个月的时候,他们舍得花高价上早教班,就是为了不让孩子输在起跑线上。是呀,起跑就慢了好几拍,以后追起来多费劲!等孩子稍稍长大一点,他们又省吃俭用给孩子报了几个兴趣班,每个休息日从钢琴班出来又走进了绘画班,晚上还有跆拳道班等着呢!日子久了,孩子觉得辛苦,心生倦意,他们便眼含热泪说孩子不懂事,家长竭尽全力为他们创造这么好的条件,怎么这么不懂事,不珍惜呢?如果孩子再坚持,他们可能瞬间气愤地歇斯底里,甚至拳打脚踢!因为孩子不能够理解家长的一片良苦用心,希望用自己的拳头让孩子懂事和清醒!

我有一个作钢琴教师的朋友,她和我说过这么一段话:家长刚领孩子来学钢琴的时候都说是为了让孩子多接受一点艺术的熏陶,不求成名成家。可是学习了一个阶段后,家长都变了,给孩子制订学琴计划、考级,达不到要求就不客气了。她说在练琴的时候,妈妈上去抬脚就踢孩子的也大有人在!

　　因为我们没有出息、很平庸,所以我们一定要让孩子有出息。我们省吃俭用,自己少买衣服"吃糠咽菜",省下钱来给孩子创造一个最好的成长环境,就是希望他不走我们的老路,成为一个优秀人才。这话听起来是多么顺理成章!可是细想下,又觉得那么不是滋味。既然你不行,你没出息,你凭什么要求你生的孩子一定就要出人头地、在万人之上呢?说得难听点,这个小孩遗传了你的基因,在你提供的家庭环境中长大,不可避免的,他会和你有着千丝万缕的必然联系。即便这个小孩可能不是你们的简单复制,但我们也要承认他一定会像你,对不对?你是一棵小草,你却希望小草的种子一定要长成大树,这个可能吗?

　　在这个社会上生存的人群,就好像是一个金字塔。大多数人都在金字塔的中间及下部,那种塔尖上的"人上人"不过是凤毛麟角。大多数的人都不是让人仰望的"人上人",也不是需要怜悯的"人下人",而是平凡、平常的"人中人"。

　　我们要安于让孩子成为"人中人",这样我们在面对孩子的成长过程中才能够有一个安稳的良好心态,而只有这种良好的心态才最可能创造出奇迹。如果你对孩子寄予太高希望,很大可能是你会收获同等的失望;而你对孩子放任自流、不管不问,孩子可能会像野草一样地疯长;只有你给予孩子好的环境,同时你又拥有良好的心态对待孩子的成长,不急不躁,不给自己和孩子太大压力,这样你的小孩才能够吸取丰富的营养,又有自由的生长空间,这样的孩子最容易优秀。

　　对待孩子的成长,不论我付出了多少,我从不要求他一定要等比例

姿态,女人的幸福密码

地回报给我。我知道个体差异巨大，成长存在变数。如果在我的小孩长大成人以后，在某一天回忆起他的童年，他觉得大多数时间是快乐的，遗憾有但不是很多，并且眼含笑意，我就满足了。

如果我是一棵小草，我希望我的孩子是一颗健壮的、自由的、翠绿的草，有自己独特的生长方向和与众不同的轮廓叶脉。我绝不会一厢情愿的期望他变成一棵让我们仰望的参天大树，因为我清楚树有它的挺拔也有这份挺拔带来的压力，小草有自己的平凡，也有这份平凡带来的柔美和自在。

如果孩子是一棵树，可能在你过度期望的重压下，发育不良，最后变成了一棵生病的树。

如果你的孩子是一棵草，你给他好的给养和环境，给他自由的发展空间，或许他会出乎意料的长成苗壮的独特的草。

孩子，我不期望你打双百分

这是我在铁锤要上小学前写的一段文字。

再过一个月，铁锤就是一个标准的小学生了。

对于未来漫长的学习生活，我相信铁锤都能够应付得来，如果让我对这个准小学生一定要说点什么，那我要说："铁锤，千万不要打双百分！"

可能有人说是因为铁锤在学习方面比较擅长，所以我故意这样说。其实不是这样，我的心里的确这样想。

我们都做过小学生，所以深深知道每逢寒暑假期，常有人问起我们的考试成绩，当我们脱口而出——双百！这短短的两个字能够让我们的爸爸妈妈在人前把头抬得高高的，也能够让我们小小的心灵得到大大的满足。如果我们从前一直得双百，偏偏这次没有得到，我们的父母好像做了什么亏心的事，别人嘴上虽说这次没打双百没什么，心里却在想：

"这孩子退步了！"

双百是父母的虚荣，却是孩子的酷刑！

每个父母都希望上小学的孩子可以得到双百。双百，多么圆满，说出来多方便！掷地有声！可是父母们有没有想过双百后面孩子所面对的压力！双百，意味着完全的准确，丝毫不含糊，要如履薄冰的战战兢兢！

我们都知道，在科学上误差是不可避免的，小孩子做一套试卷，偶尔有一点小马虎，是极其正常的事情。

在知识方面，我不希望铁锤打双百分。因为我认为一张试卷并不能全面地反映孩子的学习情况，一张试卷太片面。如果铁锤没有打双百分，而是97或者98。这样我可以看到他的分数丢在哪里，然后知道他的问题所在。只要发现了问题，我们才能够很好的解决问题。而如果他打了双百，我将无从发现问题。可是无从发现问题，并不代表着问题不存在。只是这套试卷没有考查到孩子的薄弱环节上，这样的状况，才是最最可怕的。

在心理方面，我也不希望铁锤打双百分。因为我知道，每个妈妈都有虚荣心。如果铁锤这次得到了双百，我开始有了虚荣心，虽然我会告诉自己要理智地对待孩子的分数，我的内心里也会隐隐期待铁锤下次能再给我拿个双百！如果下次他没有拿到双百回来，我会很失望，同时铁锤的自尊心也会受到伤害。

虽说学生的本分就是学习，虽然考查学习成绩的标准唯有分数，但我还是希望我的孩子不要打双百分，而是打了九十七八分。这样，他和我在心理上就给自己留下了很大的余地。上升到一百分我们开心，考到九十四五分，我们的心理上也不会有太大的落差。好像一个孩子总是考第一名，如果哪一次他得了第二名，周围的老师和同学都会觉得他退步了，因为一直以来的"第一名"已经让他成为了"众矢之的"，让他没有后路可退。如果我的铁锤常常是九十七八分，排在十名左右，这样他上升到第六名我们就会很开心，落到十五名我们也能坦然地接受。

双百分，第一名，是需要别人仰望的高高在上，高处不胜寒。其中滋味，只有自己知道。

小学生，依然还是儿童，心灵还在成长发育，健康快乐最最重要。

如果铁锤拿回了九十七八分，这证明他的基础知识已经掌握了。我会和他一起找到问题的地方，重点练习。如果铁锤真的得到了满分，我会告诉他别的同学只和他差一点点，他们也很棒！

整个假期，我不会因为铁锤丢的那两、三分而对他"另眼看待"，也不会因为他得了双百而让他"为所欲为"。

第十节　孩子，你终于会顶嘴了

每天早晨我们家都像是战争！

因为每天早上都是我送铁锤上学，所以起床、吃饭、红领巾，还有水果、叉子、勺子、湿巾、毛巾这些一样都不能少。如果有美术课要带相应的美术用具，要是微机课还要带鞋套。我吃得少，自然也吃得快，于是在铁锤吃早饭的时候我就要不停地催促他：快点吃，别磨蹭。我恨不得能帮他把面前的鸡蛋牛奶消灭掉！

一天早上我看我的唠叨无济于事，就慢悠悠地走过去对他说：铁锤，你随意，反正你是不是迟到对于我来说无所谓呀！铁锤抬起头来看着我回了一句：你是无所谓，但是我有所谓！

他的回答让我着实愣了一下，后来我竟然有点恼火，好家伙，还敢顶嘴了！

但我一直没有做声，把铁锤送到了学校。一个人在上班的路上思考这个问题,铁锤顶嘴了,说明他对我的某些表现已经心存不满。我不开心,是因为他不再是从前那个乖巧听话的小孩,开始挑战这个权威妈妈了!

想着想着我觉得委屈起来,甚至还有点伤心,近来铁锤有了很大变化。例如他对于我敷面膜就曾经说自然才是最美的,妈妈应该追求自然的美。有时候我不陪他玩,自己写东西,他就会问我:妈妈,是不是真的明天就要交稿子呀?原来只要我说过的话,他都会相信,现在不了,他开始有了自己的思考。周末他拿到那封我们伪造的圣诞老人的来信,问我这封信是真的吗?真的有圣诞老人吗?我告诉他你心里认为有那么他就存在,如果你认为没有那么他就不存在。然后他说如果圣诞老人真的存在,那么今年圣诞节就让他送给我一百万张"迷你卡"吧!"迷你卡"是铁锤玩网游的一种附加产品,原来我们说好考一次第一名就买两张卡给他,其实到现在我们一张也没买,但是他自己却记着我们欠他多少张呢!我心想这不是挑战我们耐性吗?分明是逼着我们承认圣诞老人根本不存在呀!

不得不承认,孩子现在越来越有思想了。有一天还和我说将来要考那所最好的大学,学物理专业。我问他为什么选择物理,他说物理比较有意思。还说将来要当CEO,我都不知道这些信息他是从哪里得到的。现在对于我们的时间安排他也经常会提出异议,原来都是无条件服从,现在不同了,不仅会表达出自己的想法,为自己争取权利,甚至还会据理力争!他的个子高了,逻辑性也强,表达能力较以往更好了,有时候站在我面前,真是不能小看!我在商场试鞋,他马上自动看护我的背包,一个顾客坐下来时不小心碰到了我的包,他马上说:阿姨,你坐到我妈妈的包了!那天拍照片拍到下午两点多,我没吃午饭,他就一路上告诉我必须先吃饭再回家。俨然是一个大孩子了!

想到这里我心情豁然开朗了。铁锤长大了,当然不会对妈妈言听计从,因为妈妈的思维有自己的局限性,妈妈说的也不一定都是对的。我知道没有绝对的、永远的权威，而且孩子也有表达自己想法的权利，这些和尊重、孝顺无关。而且铁锤不会永远生活在我的臂弯之下，总有一天他要独自面对这个纷繁世界，所以现在他学会用自己的头脑思考问题尤为重要。

十年或者二十年之后，总有一天，我会老，但是我不怕，因为铁锤长大了。

那个总把我的牛仔裤当做自己的牛仔裤的小男孩终于学会思考了！真的应该祝贺他，终于有能力也有胆量和妈妈顶嘴了！

用什么"锤"敲什么"锣"

这是我在电视上看到的故事，关于两个男孩的不同经历。这两个小孩都觉得结巴说话特别有意思，于是就学人家说话，一来二去真的都说成了结巴。其中一个男孩的父母很淡然地看待这个问题，慢慢地这个小孩就纠正了过来，可以像正常的孩子一样的表达，而且乐观开朗、积极向上。而另外一个孩子的遭遇和他大相径庭。他的父亲觉得孩子的问题非常严重，很严厉地给他指出问题的严重性，并且要求他一定要改正。可是事与愿违，孩子越努力地想纠正，就越紧张，结巴的程度越严重。这样更加惹恼了他的父亲，为了纠正他结巴的毛病，他的父亲甚至不惜拳脚相加。终于有一天，这位父亲发现他的孩子不肯说话了，后来竟然终日躲在房间里不肯出来见人。同样的问题，不同的处理方法，便有了天壤之别的结果。

其实，相同的方法用在不同的人身上，未必会有相同的结果。好像养一盆海棠要三天一浇水，而养一盆仙人掌就要半个月才浇一次水。如果给海棠半个月浇一次水，它会干死；给仙人掌三天一浇水，它的根部会很快烂掉，然后要和我们说"再见"了。

孩子，就像这花一样。

同样还是结巴的问题。我原来邻居家的小孩也有着那两个小孩同样的经历。他的爸爸很厉害，用的是第二个爸爸的方法，只要在人前他结巴一次，他爸爸二话不说上去便给他一个大耳光。大家都说孩子是要面子的，这样做太伤孩子的自尊心。出乎意料的是这个孩子非但没有变得孤独、郁闷，相反真的改掉了结巴的毛病。因为不再结巴，信心大增，学习成绩直线上升，当了班长，最后以状元的身份走进了那所高手云集的大学，四年之后留校任教。我想他一定在心底感谢当年他爸爸在人前的一个个耳光吧，因为那些耳光告诉他要想成为一个成功的人首先要战胜自己的不良习惯，尊严不是别人给的，而是要自己凭着能力获取。

每个孩子的承受能力不同，一样的方法，我的邻居就改掉了结巴并且一路顺风，走出了成功的人生。他的经历就是"响锣还需重锤敲"的最好诠释。

而电视上的那个男孩爸爸也用了同样的方法，却得到了一个心理异常的孩子。他同样的使用了"重锤"，却将"锣"敲破了。为什么呢？因为这把"重锤"面对的只是普通的"锣"，而不是"响锣"。

说来说去，无非是教育要因人而异。"状元"的妈妈总结的经验，教育专家的专业理论未必都适合搬到我们家里来，不加选择地用在我们孩子身上。我们要知道自己的孩子属于哪一种类型，适合哪一种交流方式，然后为他创造一个单独、有效的方案。不要因为这个方法别人用着好，就一定要用在自己孩子头上。我们做父母的，要有眼光，也要有挑选和鉴别的勇气。

我朋友的小孩早一年上小学，很聪明，但有点淘气。老师生气了，劈头盖脸地批评孩子。我朋友便去学校找老师，告诉老师她的孩子年纪小、自尊心强，可能有的孩子打他一顿他也不会往心里去，但是轻微的批评在她孩子的心底就会掀起波澜。对待这样的小孩，不必措辞那么严厉。老师虽然觉得家长多事，孩子娇气，但也还是改变了自己的语气和态度。现在三年级了，这个孩子在班级年龄最小，但各科成绩都是班级里最棒的。我很佩服我的朋友，她了解自己的孩子，同时也勇敢地选择最适合孩子的那一种方法。

孩子成长是一个漫长的过程。

我们要了解他，才能够更好地培养他。

在一篇文章里看到说每年高考过后，"状元"的妈妈和三表的妈妈都是身心疲惫，都一样地投入了大量的时间和金钱，却有着千差万别的结局。究其原因，她们对自己的孩子了解的程度不同。不了解自己孩子的妈妈所付出的时间与精力就像物理学上的"无用功"。

我们做妈妈的，要知道我们家里的是一面什么样的"锣"，再决定用什么样的"锤"。

第十一节　孝顺的独特方式

一天和朋友吃午饭，她给我讲了这样一件事情。

她女儿幼儿园一个小朋友的姥姥突然毫无预兆地离开了深爱她的亲人。朋友说小孩的妈妈很痛心，因为她是一个性格急躁的人，一直不是很听妈妈的话，也不是特别柔顺的个性。总觉得妈妈还年轻，身体还好，时间还有很多，一切都还来得及，包括表达自己的爱与孝心。现在她特别后悔，因为她想为妈妈做很多，但都没有机会了。

这就是一个"子欲孝而亲不待"的故事，听到的人也都紧张和唏嘘。这个道理我们都懂，可是在繁忙的生活、工作中却常常忘记。

我们总有很多的约会、应酬，忙时一个月也没时间回妈妈家吃一顿晚饭；我们也常常和女友流连商场、电影院，接到妈妈电话时说：好了妈妈,都是那些话,我正忙着呢!我们还常常带着孩子买了衣服再买鞋,却忘了爸爸好久没有添置新衣了。

其实仔细想一下,只要妈妈打电话问你是不是要回家吃晚饭,她在心里就已经有了期盼,希望你可以自己或者带着家人小孩一起回来。所以当你借口工作忙,小孩要考试了之类的理由时,妈妈会说:年轻人还是工作重要,她还会说小孩子的学习要抓紧,你心里想妈妈真是理解人,可是你从未想过日渐衰老的妈妈也需要理解。

我们知道小孩每一次的考试成绩,我们了解孩子每个季度增加的身高体重,我们更关注自己的皮肤好像出现了皱纹的痕迹。可是我们不知道,妈妈那边脸好像胖了些,是因为她的牙周炎又犯了,一直挺着不去医院,自己吃抗生素。妈妈开始早起了,因为年纪大了睡眠越来越少。甚至妈妈的记忆力差了,常常你和她说一句话,她所答非所问。爱美的妈妈开始穿平底鞋了,不爱烫头发了,把注意力从服装上转移到了养生方面。

有一天我和妈妈散步,妈妈忽然看着我说:桥,你好像长个子了!我笑着说三十几岁了,怎么还能长个子呢?笑到一半,我忽然明白,是妈妈觉得和我之间的差距比原来大些,所以她以为是我长个子了,其实是妈妈变矮了。我知道,这就是衰老的开始。

原来我还不理解爸爸退休后为什么一直坚持工作,我想爸爸陪着妈妈游山玩水,舒舒服服地过老年生活该有多好,何必一直延续工作状态呢?我每天工作都想着能快点退休,所以很不理解爸爸。前段时间我看了渡边淳一的那本描写退休生活的小说《孤舟》,我忽然懂了。爸爸要的不是那份工资,而是一个忙碌的状态,这个状态会给他一份被需要的满足。

现在每天早上我都和妈妈通电话,同事说每天上班都看着我拿着手机走进办公室来。其实和妈妈也没有什么必须说的,基本都是妈妈在说,说昨天的事,说她在早市买了什么蔬菜水果,说天气冷暖,也说从前旧事。都是妈妈在一边说,我说"嗯"。妈妈要的是一个熟悉的倾听者,

姿态,女人的幸福密码

女儿是最好的对象。每次我回妈妈家，都要把所有房间的地板擦一遍，妈妈喜欢干净，所有房间的地板都是白色的，就是一根头发都看得清清楚楚。每次我都是或蹲或跪把地板擦完，妈妈不要我一分钱，所以我要用我自己的方式表达对妈妈的爱。

妈妈很喜欢和我谈铁锤，她总觉得她的孙子、孙女比两个女儿要好，是她退休以后的骄傲。每次朋友聚会，妈妈总是可以骄傲地说她家的两个小孩，有多机灵，有多懂事，成绩有多好。

我很庆幸！我虽然没有多么成功，不能让我的爸爸妈妈显赫地站在人前。但是我选择在该结婚的时候结婚，在该生小孩的时候生小孩，让妈妈爸爸体会到了那份省心、安适，和那份含饴弄孙的天伦之乐。

如果你现在没有显赫的地位，没有丰富的资产，不能送他们豪华别墅、出国旅游，你也不要自卑。父母不会嫌弃自己的小孩，你依旧可以用自己的方式表达孝顺。听他们一次唠叨，给他们打一次电话，或者擦一次地板。只要你想到了，就马上去做吧，人的一生遗憾难免，但是千万不要让自己后悔。

适时结婚，有一个美满的家庭，生一个健康快乐的小孩，或者这也是你孝顺的一种方式呢！

这样，妈妈才可以放心地变老。

第十二节　如何让孩子面对"不如人"

每个孩子在家的时候都是宝贝，都是天才，自己的孩子怎么看怎么好。我们常常对他们竖起大拇指说：真棒！孩子幼小的心里也理所当然地以为自己真的是最棒的。可是在当孩子上了幼儿园、特长班、小学，无情的现实会击碎孩子那个关于"第一"的梦想。谁都想做"第一"，哪个都想"最棒"，可谁又能真的做到处处第一、时时最棒呢？

我想谁也做不到，这太难了。

既然做不到"第一"，在漫长的人生道路上将会遇到很多"不如人"的情况，那么我们该如何让孩子做到坦然面对、积极接受这种"不如人"的状况呢？

铁锤也遇到过很多的"不如人"，也有过落寞、失望，我觉得这些都是一个必然要经历的过程，走过了才会理智和成熟。

要能够看到自己的优势，也认同别人的长处

很多孩子看不得别人比自己强，因为他们好胜的性格。这时家长应该告诉孩子，要承认别人比自己强，但是也不要菲薄自己。铁锤在一年级下学期因为书写不好，经常得到"良"之类的成绩。但是他前面的小女孩的生字写得特别好，每次都是"优+"，每天受到强烈的"刺激"，他心里很不舒服。甚至有一段时间他都不愿意交拼音生字本，因为不愿意看到那个"惨淡"成绩。后来我告诉铁锤那个小女孩因为学过很长时间的硬笔书法，所以字写得很漂亮。这是她的优势，但是我的铁锤也有自己的优势呀！因为书读得多，作文写得好，课文读得也好。别的同学都很羡慕你呢！而且书写上面的问题咱们在家可以加强，只要努力，明天一定比今天强。慢慢地铁锤的情绪扭转过来，后来经过一个假期的练习，他的生字本上也常常会有"优+"的成绩。

每个人都有自己独特的地方，要学会肯定自己，更要学会欣赏别人。欣赏也是一种动力，它能让孩子心态健康地前进。

因为是笨鸟，所以选择先飞

我们要孩子承认某些方面的确"不如人"，但是孩子不肯永远甘于人下。所以我们在孩子某些薄弱的环节上要早作准备，这样他就会比其他的孩子早一点起步，会弥补先天不足的优势。铁锤的身体协调性不是很

好,于是利用暑假的时间我们每天晚上和他出去跳绳。我觉得跳绳手脚并用,非常锻炼孩子。我们还和其他的孩子一起玩摇大绳的游戏,就是由两个大人在两侧各执麻绳的一端,在摇动麻绳的过程中,小孩子从一侧跑上来,要求孩子在短时间内适应绳子摇动的频率。铁锤从最开始不敢上来跳,几天过后就能跳上几十个了。第二学期开学,体育课上也有了跳绳的项目,很多孩子和铁锤开始一样根本不敢上去跳。铁锤和我说他跳了四十几个,全班数他的粉丝最多。

我觉得小孩子的可塑性特别强,如果我们差一点,那么就先走一段路。但是家长一定要耐心观察孩子,知道他要在哪条路上需要先开始走。

一定要选择正确的方法

当孩子发现自己"不如人"时,想要改变"不如人"的现状,赶上别人,家长一定要给孩子选择适合他的好方法。在铁锤写字的问题上,我没有单纯地拿来字帖让他临摹。他的问题是力气大,常常会弄断笔尖,因为他的小肌肉群可能不够完善,所以不会运用写字的力气。他写字不好,不是因为写得少,而是他不太会支配自己手部的肌肉。我觉得锻炼手部小肌肉群最好的方法就是折纸。我在网上下载了几种千纸鹤的折法,每天晚上折一只不同颜色的纸鹤,时间久了手指自然灵活了很多。再回来写字,用力就变成该重时重该轻时轻了,比从前自如很多。

我们的孩子不会永远"不如人",但是我们要教他技巧,告诉他方法,让他可以轻轻松松、事半功倍。

在孩子的成长道路上,永远都会有"不如人"的事情发生,只有经历了,才会成熟,才会长大。